上海市地下管线协会标准

城镇给水管道非开挖修复工程技术标准

Technical standard for trenchless rehabilitation engineering of
urban water supply pipelines

T/SUPA 001—2022

主编单位：上海市地下管线协会
上海市地下管线协会供水管线非开挖工程技术
专业委员会
上海市政工程设计研究总院(集团)有限公司
批准部门：上海市地下管线协会
施行日期：2024 年 1 月 1 日

同济大学出版社

2024　上海

图书在版编目(CIP)数据

城镇给水管道非开挖修复工程技术标准 / 上海市地下管线协会,上海市地下管线协会供水管线非开挖工程技术专业委员会,上海市政工程设计研究总院(集团)有限公司主编. --上海：同济大学出版社,2024.8.

ISBN 978-7-5765-1206-9

Ⅰ. TU991.36-65

中国国家版本馆 CIP 数据核字第 2024MT6123 号

城镇给水管道非开挖修复工程技术标准

上海市地下管线协会
上海市地下管线协会供水管线非开挖工程技术专业委员会　主编
上海市政工程设计研究总院(集团)有限公司

责任编辑　朱　勇
责任校对　徐春莲
封面设计　陈益平

出版发行　同济大学出版社　　www.tongjipress.com.cn
　　　　　(地址：上海市四平路 1239 号　邮编：200092　电话：021-65985622)
经　　销　全国各地新华书店
印　　刷　启东市人民印刷有限公司
开　　本　889mm×1194mm　1/32
印　　张　3.5
字　　数　88 000
版　　次　2024 年 8 月第 1 版
印　　次　2024 年 8 月第 1 次印刷
书　　号　ISBN 978-7-5765-1206-9
定　　价　50.00 元

上海市地下管线协会文件

沪地下管协〔2024〕03 号

上海市地下管线协会关于发布
《城镇给水管道非开挖修复工程技术标准》的公告

各有关单位：

由上海市地下管线协会、上海市地下管线协会供水管线非开挖工程技术专业委员会和上海市政工程设计研究总院(集团)有限公司主编的《城镇给水管道非开挖修复工程技术标准》，经审核，现批准为上海市地下管线协会团体标准，编号为 T/SUPA 001—2022，自 2024 年 1 月 1 日起实施。

本标准由上海市地下管线协会负责管理，上海市地下管线协会供水管线非开挖工程技术专业委员会和上海市政工程设计研究总院(集团)有限公司负责解释。

上海市地下管线协会

二〇二四年一月一日

前　言

根据上海市给水行业管道非开挖修复工程的实际需求,由上海市地下管线协会、上海市地下管线协会供水管线非开挖工程技术专业委员会、上海市政工程设计研究总院(集团)有限公司会同有关单位开展本标准编制工作。编制组经广泛的调查研究,认真总结实践经验,并参照国内外相关标准和规范,在反复征求意见的基础上,制定本标准。

本标准共 8 章,主要内容包括:总则;术语和符号;修复前准备;设计;材料;施工;验收;数字存档与管理。

请注意本标准的某些内容可能涉及专利,本标准的发布机构不承担识别专利的责任。

本标准的归口管理部门为上海市地下管线协会。各单位及相关人员在执行本标准过程中,如有意见和建议,请反馈至上海市地下管线协会(地址:上海市徐汇区天钥桥路 1170 号;邮编:200232;E-mail:18916062687@163.com),或上海市政工程设计研究总院(集团)有限公司(地址:上海市杨浦区中山北二路901 号;邮编:200092;E-mail:wangjiawei@smedi.com),以供今后修订时参考。

主 编 单 位:上海市地下管线协会

上海市地下管线协会供水管线非开挖工程技术
专业委员会

上海市政工程设计研究总院(集团)有限公司

参 编 单 位:上海市供水调度监测中心

上海城投水务(集团)有限公司供水分公司
同济大学

上海城建水务工程有限公司

上海水务建设工程有限公司

上海管康技术有限公司

上海宇联给水工程有限公司

上海宏展自来水设备安装工程有限公司

上海万朗水务科技集团有限公司

思道智慧科技发展(上海)有限公司

上海拓洪管道材料有限公司

上海溧盛建设工程有限公司

主要起草人员：魏树弘　刘　勇　王嘉伟　王　林　方　芳

卢　瀚　钱吉洪　王敬凡　李　任　樊雪莲

张振华　徐镇江　赵　伟　吴致远　包　凌

丁建军　王　飞　王云亮　顾　瑞　邹琪伟

江松涛　顾卫东　陈卫星　高　俊　刘　林

陈逸群　陈威任　王　喆　刘苏良　唐　东

刘琳懿　王喻通　殷连中　邓　斌　王泽胜

马爱军　丁　峰　陈家烨　张晏晏

主要审查人员：陆晓如　张金水　陈士忠　郁片红　曹井国

王如琦　鞠春芳　许大鹏　沈建华　胡群芳

苏　宇　于大海

目　次

Contents

1 总　　则

1.0.1　为保障给水系统安全运行,恢复管道正常功能,延长管道使用寿命,规范上海市城镇给水管道非开挖修复工程,做到技术先进、安全可靠、经济合理,制定本标准。

1.0.2　本标准适用于城镇给水管道非开挖修复工程的修复前准备、设计、材料、施工、验收和数字存档与管理。

1.0.3　非开挖修复工程中涉及饮用水的产品应符合现行国家标准《生活饮用水输配水设备及防护材料的安全性评价标准》GB/T 17219 的有关规定。

1.0.4　城镇给水管道非开挖修复工程的修复前准备、设计、材料、施工、验收和数字存档与管理,除应符合本标准的规定外,尚应符合国家、行业及本市现行有关标准的规定。

2 术语和符号

2.1 术 语

2.1.1 非开挖修复 trenchless rehabilitation

采用少开挖或不开挖地表方式恢复原有管道系统性能的技术。

2.1.2 结构性缺陷 structural defect

管道结构本体遭受损伤,影响强度、刚度和结构稳定性的缺陷。

2.1.3 功能性缺陷 functional defect

管道结构本体未受损伤,只影响过流能力、水质和密封性的缺陷。

2.1.4 功能性修复 functional rehabilitation

管道内外部压力完全由原有管道承受的修复工艺。

2.1.5 半结构性修复 semi-structural rehabilitation

管道内外部压力由内衬管和原有管道共同承受的修复工艺。

2.1.6 结构性修复 structural rehabilitation

管道内外部压力全部由内衬管承受的修复工艺。

2.1.7 内衬 liner

通过各种非开挖修复方法在待修复的管道内形成的管道内部衬壁。

2.1.8 常温固化法 cured-in-place pipe under ambient temperature

采用气压翻转的方式,将浸渍树脂的软管置入待修复的管道内,充填压缩空气使软管与待修复的管道内壁紧密粘合,经常温固化后达成内衬与母管一体化的修复方法。

2.1.9 蒸汽固化法 cured-in-place pipe with steam

采用牵拉的方式,将浸渍热固性树脂的软管置入待修复的管道内,充填压缩空气使软管与待修复的管道内壁紧密贴合,通过蒸汽循环加温使其固化形成内衬管的修复方法。

2.1.10 热水固化法 cured-in-place pipe with hot water

采用充水翻转的方式,将浸渍热固性树脂的软管置入待修复的管道内,充填热水使软管与待修复的管道内壁紧密贴合,通过热水循环加温使其固化形成内衬管的修复方法。

2.1.11 紫外光固化法 cured-in-place pipe with UV light

采用牵拉的方式,将浸渍光固性树脂的软管置入待修复的管道内,充填压缩空气使软管与待修复的管道内壁紧密贴合,通过紫外光照射使其固化形成内衬管的修复方法。

2.1.12 叠层原位固化法 cured-in-place pipe by laminated structure

采用牵拉的方式,将浸渍光固性树脂的玻璃纤维软管置入待修复的管道内,充填压缩空气使软管与待修复的管道内壁紧密贴合,通过紫外光照射使其固化形成第一层高强度支撑管;采用气压翻转的方式,将浸渍有热固性树脂的软管翻转置入第一层支撑管中,充填压缩空气使软管与第一层支撑管内壁紧密贴合,通过蒸汽循环加温使其固化并与第一层支撑管内壁紧密粘接,最终形成外层为玻璃纤维材质、内层为聚酯纤维材质的叠层结构内衬管的修复方法。

2.1.13 原位热塑成型法 formed-in-place pipe

采用牵拉方式,将生产压制成型的内衬管置入待修复管道内,通过静置、加热、加压等方法将内衬管与待修复的管道内壁紧密贴合的修复方法。

2.1.14 不锈钢内衬法 stainless steel lining

将不锈钢材料依照待修复管道的形状尺寸,定样裁制并卷成圆筒状,逐张运送排布至待修复的管道内,贴合其内壁后焊接固定成整体内衬管进行管道修复的方法。

2.1.15 聚氨酯喷涂内衬法　spray lining with polyurethane material

通过离心喷涂、高压气体旋喷等方法,将聚氨酯涂料喷涂到管道内壁,形成内衬管的管道修复方法。

2.1.16 高压水射流清洗　high-pressure water jetting

利用高压水射流去除管道内污垢等的清洗作业方法。

2.1.17 喷砂清洗　sand blasting

以压缩空气为动力,采用高速喷射束将砂料喷射到管道内表面,通过砂料对金属表面的冲击作用,使其获得所需清洁度的清洗作业方法。

2.1.18 数字存档　digital archiving

通过数字化建模,将施工前后的现场均以模型和数据文件的方式保存记录,用于施工完成后查看施工过程资料。

2.2 符　号

2.2.1 几何参数

A——过流面积;

d_h——原有管道中孔洞或缺口的最大直径;

D_{max}——原有管道的最大内径;

D_{min}——原有管道的最小内径;

D_O——内衬管外径;

D_I——内衬管内径;

D_E——原有管道平均内径;

d_i——管道内径;

H_s——管顶覆土厚度;

H_w——管顶以上地下水位高度;

H——管道敷设深度;

L——工作坑长度;

l——管道长度；

R——管材允许弯曲半径；

SDR——管道的标准尺寸比；

t——内衬管壁厚。

2.2.2 计算系数

B'——弹性支撑系数；

C——椭圆度折减系数；

C_h——海森-威廉系数；

K——原有管道对内衬管的支撑系数；

N_1——安全系数；

q——原有管道的椭圆度；

R_w——水浮力系数；

i——水力坡度；

μ——泊松比。

2.2.3 作用与作用效应

F——允许拖拉力；

P_n——原有管道公称压力；

P_v——真空压力；

P_w——地下水压力；

q_t——管道总的外部压力；

W_s——活荷载。

2.2.4 材料性能

E——初始弹性模量；

E_L——长期弹性模量；

E_S'——管侧土综合变形模量；

σ——管材的屈服拉伸强度；

σ_L——内衬管长期弯曲强度；

σ_{TL}——内衬管长期抗拉强度。

2.2.5 其他

Q——流量；

V——平均流速；

γ——土的重度。

3 修复前准备

3.1 一般规定

3.1.1 给水管道非开挖修复前应进行管道检测与调查。

3.1.2 管道检测方法应根据现场的具体情况和检测设备的适应性进行选择。当一种检测方法不能全面反映管道状况时,可采用多种方法联合检测。

3.1.3 管道检测与调查应按下列基本程序进行:

    1 接受委托。

    2 现场踏勘。

    3 检测前的准备。

    4 现场检测与数据采集。

    5 内业资料整理、缺陷判断、管道调查。

    6 编写检测报告。

3.1.4 给水管道的检测与调查应符合下列原则:

    1 应采取防护措施确保检测人员生命安全。

    2 现场检测与数据采集时,需对管道安全情况进行判断,采取必要的安全施工与应急防护措施,应避免对管道结构造成损伤,并符合现行行业标准《城镇供水管网运行、维护及安全技术规程》CJJ 207 的相关规定。

    3 检测过程中在管内不应产生污染。

    4 管道检测应减少对附近用户正常用水的影响。

    5 检测与调查数据的归档应按国家现行档案管理的相关标准进行。

3.2 管道检测

3.2.1 管道检测可采用闭路电视检测(CCTV 检测)、取样检测、供水管道内检测等检测方法。

3.2.2 一般闭路电视检测不宜带水带压作业,当现场条件无法满足时,应采取降低水位措施,使管道内水位高度满足测量设备要求;现场确需带水带压作业时,应根据供水管道物理特征、运行状态及历史检测情况等,选择耐压带水作业闭路电视或其他合适的供水管道内检测技术。

3.2.3 当要求详细直观地了解管道结构状况时,可选取有代表性的若干点位,开挖截取部分管段进行取样检测。

3.2.4 管道检测内容应包括管道、特殊结构和附属设施的结构性缺陷、功能性缺陷的缺陷位置、缺陷严重程度及缺陷尺寸等,并在检测成果报告中进行说明。

3.3 管道调查

3.3.1 管道调查应依据管道基本数据、运行维护数据、管道检测成果数据等,制定调查方案。

3.3.2 管道调查报告应包含下列内容:

    1 管道基本资料:竣工年代、原施工方法、管径及埋深、管材和接口形式、设计流量、设计压力、特殊结构和附属设施等。

    2 管道运行维护资料:历史运行维护数据、当前运行数据(流量、压力、水质等)。

    3 管道检测成果资料:闭路电视检测、试压检测、取样检测、听漏仪检测、超声波探测、卫星土壤特性检测等检测报告。

    4 管道调查结论资料:管道缺陷分析及定性、管段整体状况分析及宜采用的修复方式、管段非开挖修复的优先级建议。

3.3.3 支管、弯管多的复杂管段,不宜采用非开挖修复;支管、弯管少的顺直管段,宜采用非开挖修复;介于二者之间的情况,应根据具体的管道状况和修复工艺进行判断。

3.3.4 管体结构良好、仅存在功能性缺陷的管段,宜采用功能性修复。有严重结构性缺陷的管段,应采用结构性修复;有轻微结构性缺陷的管段,宜采用半结构性修复;介于二者之间的情况,应根据具体的管道状况和修复工艺进行技术经济比较后判断。

4 设 计

4.1 一般规定

4.1.1 非开挖修复工程设计前应详细调查原有管道的基本概况、管道沿线的工程地质条件和水文地质条件、周边环境情况,并取得管道检测与调查资料。

4.1.2 设计应符合下列原则:

1 修复后管道的过流能力应满足使用要求。

2 修复后管道的结构应满足承压和承载能力要求、变形控制要求。

3 修复后管道应满足水质卫生安全要求。

4 当原有管道地基不满足要求时,应进行处理。

4.1.3 涉及管道连接的,应提出连接说明或细部构造设计。

4.1.4 水力计算应符合现行国家标准《室外给水设计标准》GB 50013 的有关规定。

4.1.5 修复后管道的设计使用年限,均不得低于 50 年。

4.2 修复工法选择

4.2.1 修复工法选择宜根据待修复管道的基本概况、管道检测与调查结果、修复后管道的运行要求及周边的环境条件等因素,通过技术经济比较后确定,可采用常温固化法、蒸汽固化法、热水固化法、紫外光固化法、叠层原位固化法、原位热塑成型法等原位固化法,以及不锈钢内衬法、聚氨酯喷涂内衬法等现场制管法。

4.2.2 当基础资料缺乏或者在初步设计阶段时,非开挖修复工程的修复方法选择可参考表 4.2.2-1,不同修复类别推荐采用的非开挖修复方法可参考表 4.2.2-2。

表 4.2.2-1 给水管道非开挖修复方法[①]

大类名称	修复方法名称	适用管径（mm）	原有管道材质	内衬管材质[②]	注浆需求	最大允许转角[③]	现场作业面要求
原位固化法	常温固化法	200～1 200	各类金属管材	聚酯纤维、树脂	不需要	45°	中
	蒸汽固化法	200～1 200	各类材质	聚酯纤维、玻璃纤维、树脂	不需要	45°	中
	热水固化法	300～1 500	各类材质	聚酯纤维、玻璃纤维、树脂	不需要	45°	高
	紫外光固化法	300～1 200	各类材质	聚酯纤维、玻璃纤维、树脂	不需要	22.5°	低
	叠层原位固化法	300～1 200	各类材质	聚酯纤维、玻璃纤维、树脂	不需要	22.5°	中
	原位热塑成型法	200～1 200	各类材质	聚氯乙烯	不需要	45°	低
现场制管法	不锈钢内衬法	800～2 000	各类材质	304,304L,316,316L	根据实际需要	90°	低
	聚氨酯喷涂内衬法	200～600	各类材质	聚氨酯	不需要	45°	低

注:① 所有内衬涉水层材料必须符合现行国家标准《生活饮用水输配水设备及防护材料的安全性评价标准》GB/T 17219 的有关规定。
② 表中内衬管材质未包含涉水层。
③ 相同直径并且管道转角符合本表规定的管道,可按同一个修复段进行设计,否则应按不同管段进行设计。

表 4.2.2-2 不同修复类别推荐采用的非开挖修复方法

修复类别	适用管道情况及内衬功能	设计考虑的因素	优先采用的修复方法
功能性修复	原有管道无结构性缺陷,内衬的目的是防腐、改善水质、提高原有管道内表面光滑度	原有管道内表面情况以及表面预处理要求;内衬修复要求	聚氨酯喷涂内衬法

修复类别	适用管道情况及内衬功能	设计考虑的因素	优先采用的修复方法
半结构性修复	原有管道结构遭到部分破坏但仍有一定承压能力或者原有管道不能满足新的输送要求,内衬的目的是提高管道承压能力或者防止渗漏,内衬管与原有管道联合承受内、外部压力	原有管道剩余结构强度;内衬修复要求;内衬管需要承受的真空压力,外部地下水静水压力	常温固化法;不锈钢内衬法
结构性修复	原有管道结构破坏严重,几乎没有承压能力,内衬的目的是重建管道的输送及承压能力,内衬管可不依赖于原有管道承受内、外部压力	内衬修复要求;内衬管需要承受的管道内部水压力;外部地下水静水压力、土压力及车辆等活荷载;真空压力	蒸汽固化法;热水固化法;紫外光固化法;叠层原位固化法;原位热塑成型法

4.3 内衬管结构设计

4.3.1 非开挖管道修复工程所用内衬管直径的选择应符合下列规定:

1 叠层原位固化法的玻璃纤维干软管(外部支撑管)外径宜为原管道内径的94%~98%,原位热塑成型法所用内衬管外径宜为原管道内径的85%~95%,其他原位固化法所用内衬管外径宜为原管道内径的90%~96%。

2 修复后管道不宜影响原有管道的使用功能。

3 修复后管道的过流能力不应低于原管道的设计过流能力。

4.3.2 内衬管按结构性修复设计时,应按新建管道进行设计,其结构层应能承受管道内外的全部荷载,并符合现行国家标准《给水排水工程管道结构设计规范》GB 50332 的规定。

4.3.3 采用原位固化法进行半结构性修复时,内衬管的结构层

应能承受管道外部的地下水静水压力和管道内部的真空压力以及原有管道破损部位内部水压的作用,其壁厚设计应符合下列规定:

1 地下水静水压力和真空压力作用下,结构层的壁厚应按下列公式计算:

$$t = \frac{D_O}{\left[\dfrac{2KE_LC}{(P_w + P_v)N(1-\mu^2)}\right]^{\frac{1}{3}} + 1} \quad (4.3.3\text{-}1)$$

$$C = \left[\frac{(1-q)}{(1+q)^2}\right]^3 \quad (4.3.3\text{-}2)$$

$$q = \max\left\{\frac{(D_E - D_{\min})}{D_E}, \frac{D_{\max} - D_E}{D_E}\right\} \quad (4.3.3\text{-}3)$$

式中:t——结构层的最小壁厚(mm);

D_O——结构层的外径(mm);

K——原有管道对内衬管的支撑系数,取值宜为7.0,并应根据耐负压试验确认;

E_L——结构层的长期弹性模量(MPa),宜根据实测资料确定,无实测资料时,可取短期弹性模量的50%;

C——原有管道椭圆度折减系数;

P_w——管顶位置地下水压力(MPa),$P_w = 0.01H_w$,当 $H_w \leqslant 0$ 时,取 $H_w = 0.5$ m;

H_w——管顶以上地下水位深度(m);

P_v——真空压力(MPa),根据工程实际取值,无经验时可取为0.05 MPa;

N——管道截面环向稳定性抗力系数,不应小于2.0;

μ——结构层的泊松比,可取为0.3;

q——原有管道的椭圆度;

D_E——原有管道的平均内径(mm);

$D_{\min}$——原有管道的最小内径(mm);

D_{max}——原有管道的最大内径(mm)。

2 当按公式(4.3.3-1)计算所得 t 值满足公式(4.3.3-4)的要求时,应按公式(4.3.3-5)对内衬管结构层壁厚设计值进行校核;当按公式(4.3.3-1)计算所得 t 值不满足公式(4.3.3-4)的要求时,应按公式(4.3.3-6)对内衬管结构层壁厚设计值进行校核。

$$\frac{d_h}{D_E} \leqslant 1.83 \times \left(\frac{t}{D_O}\right)^{\frac{1}{2}} \qquad (4.3.3-4)$$

$$t \geqslant \frac{D_O}{\left[5.33 \times \left(\frac{D_E}{d_h}\right)^2 \times \frac{\sigma_L}{NP_d}\right]^{\frac{1}{2}} + 1} \qquad (4.3.3-5)$$

$$t \geqslant \frac{\gamma_Q P_d D_n}{2f_t \sigma_{TL}} \qquad (4.3.3-6)$$

$$D_n = D_O - t \qquad (4.3.3-7)$$

式中:d_h——原有管道中缺口或孔洞的最大直径(mm);

σ_L——结构层的长期弯曲强度(MPa),宜取短期弯曲强度的 50%;

P_d——管道设计压力(MPa),应按管道工作压力的 1.5 倍计算;

D_n——内衬管计算直径(mm);

γ_Q——设计内水压力的分项系数,$\gamma_Q = 1.5$;

σ_{TL}——结构层的长期抗拉强度(MPa),可取短期抗拉强度的 50%;

f_t——抗力折减系数,可取 1.0。

4.3.4 采用不锈钢内衬法进行半结构性修复时,内衬管应能承受管道外部的地下水静水压力和管道内部的真空压力以及原有管道破损部位内部水压的作用,其壁厚设计应符合下列规定:

1 内衬管承受外部地下水静水压力和真空压力的壁厚应按公式(4.3.3-1)计算,式中 E_L 应取内衬不锈钢材料的短期弹性模量,原有管道对内衬管的支撑系数 K 应通过耐负压试验确定。

2 内衬管承受内部水压的最小壁厚应按公式(4.3.3-6)计算,式中 σ_{TL} 应取内衬不锈钢材料的屈服抗拉强度。

4.3.5 采用叠层原位固化法进行修复时,应按玻璃纤维干软管(外部支撑管)承受内、外部压力进行结构设计计算。

4.3.6 采用聚氨酯喷涂法进行管道功能性修复时,最小喷涂厚度不宜小于 1.2 mm。

4.4 水力计算

4.4.1 给水管道修复管段的沿程水头损失宜按下式计算:

$$H = \frac{10.67Q^{1.852}l}{C_h^{1.852}d_i^{4.87}} \qquad (4.4.1)$$

式中:H——水头损失(m);

l——修复段长度(m);

d_i——修复后的管道内径(m);

Q——修复后的管道流量(m^3/s);

C_h——海森-威廉系数,可按表4.4.1取值。

表 4.4.1 海森-威廉系数

管道种类		C_h(海森-威廉系数)
钢管、铸铁管	水泥砂浆内衬	120～130
	涂料内衬	130～140
	旧钢管、旧铸铁管（未做内衬）	根据管道破损情况不同,酌情取 90～100
原位固化法修复后的管道		140

4.5 工作坑设计

4.5.1 工作坑的位置应按下列要求确定:

1 工作坑的坑位应避开地上建筑物、架空线、地下管线或其他构筑物。

2 工作坑不宜设置在道路交汇口、医院入口、消防队入口、隧道入口及轨道交通入口等人流车辆密集处。

3 工作坑宜设置在管道变径、转角、消防栓、阀门井、分支管等位置。

4 一个修复段的两个工作坑的间距应控制在施工能力范围内。

4.5.2 工作坑的平面尺寸应根据原有管道埋深、管径、内衬管牵引通道和施工空间要求进行设计，可根据图 4.5.2 按下列规定取值：

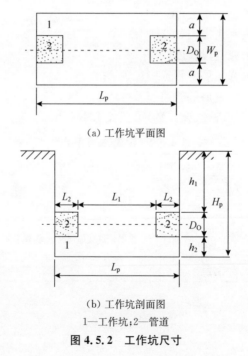

（a）工作坑平面图

（b）工作坑剖面图

1—工作坑；2—管道

图 4.5.2 工作坑尺寸

1 工作坑的长度宜按下式计算：

$$L_p = L_1 + 2L_2 \qquad (4.5.2\text{-}1)$$

式中：L_p——工作坑长度（m）；

L_1——工作坑内净作业长度（m）（当 $D_O < 0.8$ m 时，取 $L_1 = 3.0$ m；当 $D_O \geqslant 0.8$ m 时，取 $L_1 = 4.0$ m）；

L_2——单侧管道伸入工作坑内的长度（m），取 0.5 m。

2 工作坑的宽度宜按下式计算：

$$W_p = D_O + 2a \qquad (4.5.2\text{-}2)$$

式中：W_p——工作坑宽度（m）；

D_O——原有管道外径（m）；

a——单侧管道边缘距工作坑边缘的距离（m）（当 $D_O < 0.8$ m 时，取 $a = 0.5$ m；当 $D_O \geqslant 0.8$ m 时，取 $a = 0.75$ m）。

3 工作坑的深度宜按下式计算：

$$H_p = h_1 + D_O + h_2 \qquad (4.5.2\text{-}3)$$

式中：H_p——工作坑深度（m）；

h_1——管顶覆土厚度（m）；

D_O——原有管道外径（m）；

h_2——管底至工作坑井底之间的距离（m），取 0.5 m。

4.5.3 工作坑降排水、基坑开挖、支护或放坡、回填等，除满足本节要求外，还应符合现行国家标准《给水排水管道工程施工及验收规范》GB 50268 的有关规定。

5 材 料

5.1 一般规定

5.1.1 管道修复材料主要包括管状复合材料、粘合材料、现场喷涂材料、不锈钢内衬管节等，包装应完好，且包装上应标明材料制造厂家名称、产品名称、型号、批号、产品数量及生产日期等信息。

5.1.2 涉水层材料应通过卫生检测，取得省市级或以上的"国产或进口涉及饮用水卫生安全产品卫生许可批件"或省市级疾病预防控制中心的检验报告，并满足现行国家标准《生活饮用水输配水设备及防护材料的安全性评价标准》GB/T 17219 的卫生要求。

5.2 原位固化法

5.2.1 常温固化法所用材料应符合下列规定：

    1 内衬软管应符合下列规定：

        1）纺织基材应使用无缝管状织物，膜材应为耐磨弹性高分子材料；基材与膜材应互相浸渍热固结合，一次成型且无搭接。

        2）每一批次的管状复合内衬材料应进行拉伸性能测试，测试结果应符合表 5.2.1-1 的要求。

表 5.2.1-1 管状复合内衬材料拉伸性能要求及试验方法

序号	性能指标	单位或百分比	要求	试验方法
1	断裂强度	N/cm	≥800	GB/T 3923.1
2	断裂伸长率	%	≥20	

续表5.2.1-1

序号	性能指标	单位或百分比	要求	试验方法
3	断裂强度	N/cm	≥800	GB/T 3923.1
4	断裂伸长率	%	≥20	

2 管状复合材料、粘合材料等应自其生产之日起18个月内使用。

3 内衬软管的树脂浸渍工艺应符合下列规定：

　　1）浸渍树脂时用于搅拌、传送、碾压的设备应齐全、性能良好。

　　2）浸渍前应对干软管进行检查，确认干软管无破损。

　　3）浸渍前应计算树脂的用量，树脂的各种成分应按合理比例进行充分混合，实际用量应比理论值多5%～15%。

　　4）树脂和固化剂混合后应及时进行浸渍。

　　5）碾压湿软管时应平整，速度均匀，确定碾压均匀厚度在设计范围内，应避免气泡、厚度不匀、褶皱等缺陷。

4 涉水层的材料性能应符合表5.2.1-2的要求。

表5.2.1-2　涉水层材料性能要求及试验方法

序号	性能指标	单位或百分比	要求	试验方法
1	表面	—	应光滑、完整、无破损	目测
2	剥离强度	MPa	≥1.5	GB/T 28897
3	硬度	HA	≤95	GB/T 2411
4	拉伸强度	MPa	≥5	GB/T 8804.3
5	断裂伸长率	%	≥300	GB/T 8804.3
6	耐温	℃	30～120	GB/T 2423.22
7	厚度	mm	应≥0.6,宜≥1.0	GB/T 6672
8	密实性	—	不渗漏	T/CECS 559

序号	性能指标	单位或百分比	要求	试验方法
9	透明度	—	能观察到浸渍或固化缺陷	目测或 CCTV 检测
10	耐磨性能	mg	≤200	GB/T 1768

5 粘接用树脂的材料性能应符合表 5.2.1-3 的要求。

表 5.2.1-3　粘接用树脂材料性能要求及试验方法

序号	性能指标	单位或百分比	要求	试验方法
1	弯曲模量	MPa	≥3 000	
2	弯曲强度	MPa	≥100	
3	拉伸模量	MPa	≥3 000	GB/T 2567
4	拉伸强度	MPa	≥80	
5	拉伸断裂伸长率	%	≥4	
6	热变形温度	℃	≤85 .	GB/T 1634.1
7	固化后与粘接面的结合强度	MPa	≥2.0	GB/T 28897

5.2.2 蒸汽、热水、紫外光固化法所用材料应符合下列规定：

　　1 内衬软管应符合下列规定：

　　　　1）软管可由单层或多层聚酯纤维、玻璃纤维或同等性能的材料组成，并应与所用树脂亲和，且应能承受施工的拉力、压力和固化温度。

　　　　2）软管的涉水面应包覆一层非渗透性塑料膜。

　　　　3）多层软管各层的接缝应错开，接缝连接应牢固。

　　　　4）软管的环向与纵向抗拉强度不得低于 5 MPa。

　　　　5）软管的长度应大于待修复管段的长度，固化后应能与原有管道的内壁紧贴在一起。

　　2 热固化树脂材料应能于热水（蒸汽）中固化，其初始固化温度不超过 80℃，固化后应达到相应的弯曲强度，具有良好的耐久性、耐腐蚀、抗拉伸、抗裂性，与内衬软管有良好的兼容性。

3 内衬软管的树脂浸渍工艺应符合下列规定：

1） 浸渍工艺应在不触发固化反应的环境下进行，浸渍树脂时用于抽真空、搅拌、传送、碾压的设备应齐全、性能良好。

2） 浸渍树脂宜在室内完成，应采取避光、降温等措施，室内温度不应高于25℃。

3） 浸渍前应对软管进行检查，确认干软管无破损。

4） 应在抽成真空状态下充分浸渍树脂，真空度不应低于60 kPa，且不得出现气泡。

5） 浸渍前应计算树脂的用量，树脂的各种成分应按合理比例进行充分混合，实际用量应比理论值多5%～15%。

6） 树脂和固化剂混合后应及时进行浸渍，当不能及时浸渍时，应将树脂避光冷藏，冷藏温度和时间应根据树脂本身的稳定性和固化体系确定。

7） 碾压湿软管时应平整，速度均匀，确定碾压均匀厚度在设计范围内，应避免气泡、厚度不匀、褶皱等缺陷。

4 不含玻璃纤维的内衬软管初始结构性能应符合表5.2.2-1的要求，含玻璃纤维的内衬软管的初始结构性能应符合表5.2.2-2的要求，内衬软管的长期力学性能应根据实际要求进行测试，不应小于初始结构性能要求的50%。

5 涉水层和粘接用树脂的材料性能应分别符合表5.2.1-2和表5.2.1-3的要求。

表5.2.2-1　不含玻璃纤维的内衬软管的初始结构性能要求及试验方法

序号	性能指标	单位	要求	试验方法
1	弯曲强度	MPa	≥31	GB/T 9341
2	弯曲模量	MPa	≥1 724	GB/T 9341
3	抗拉强度	MPa	≥21	GB/T 1040.2

表 5.2.2-2　含玻璃纤维的内衬软管的初始结构性能要求及试验方法

序号	性能指标	单位	要求	试验方法
1	弯曲强度	MPa	≥45	GB/T 1449
2	弯曲模量	MPa	≥6 500	GB/T 1449
3	抗拉强度	MPa	≥62	GB/T 1040.4

5.2.3 叠层原位固化法所用材料应符合下列规定：

　　1 叠层原位固化法的复合内衬管由玻璃纤维增强软管(外层支撑管)和覆有聚乙烯涂层的聚酯纤维软管(内层内衬管)构成,中间采用环氧树脂进行粘接。

　　2 外层的玻璃纤维增强软管应符合下列规定：

　　　1) 采用符合现行国家标准《玻璃纤维无捻粗纱布》GB/T 18370 规定的耐腐蚀的 ECR 玻璃纤维原料。

　　　2) 未浸湿的干软管应至少含有 2 层玻璃纤维织物,每层玻璃纤维织物的厚度不应小于 0.7 mm。

　　　3) 未浸湿干软管的外膜应符合表 5.2.3-1 的要求。

表 5.2.3-1　未浸湿干软管的外膜性能要求及试验方法

序号	性能指标	单位或百分比	要求	试验方法
1	外观	—	光滑、完整、无破损	目测
2	紫外光透光率	%	≤0.5	GB/T 16422.3
3	耐温	℃	0～120	GB/T 2423.22
4	厚度	mm	≥0.1	GB/T 6672
5	拉伸强度	MPa	≥20	GB/T 1040.3
6	断裂伸长率	%	≥120	GB/T 2567

　　　4) 未浸湿干软管的内膜应符合表 5.2.3-2 的要求。

表 5.2.3-2　未浸湿干软管的内膜性能要求及试验方法

序号	性能指标	单位或百分比	要求	试验方法
1	外观	—	光滑、完整、无破损	目测
2	紫外光透光率	%	≥50	GB/T 16422.3
3	耐温	℃	0~140	GB/T 2423.22
4	厚度	mm	≥0.1	GB/T 6672
5	拉伸强度	MPa	≥20	GB/T 1040.3
6	断裂伸长率	%	≥120	GB/T 2567

　　5）浸湿软管使用的树脂应采用具有耐化学腐蚀性能且符合饮用水标准的不饱和聚酯树脂、乙烯基树脂或环氧树脂,浸湿作业宜在工厂内完成。

　　6）浸湿后的湿软管出厂时应标明环向和纵向的抗拉强度值,且该值均不宜低于 5 MPa。

　　7）湿软管固化后形成的外层支撑管的性能应符合表 5.2.3-3 的要求。

表 5.2.3-3　外层支撑管的初始结构性能要求及试验方法

序号	性能指标	单位	要求	试验方法
1	弯曲强度	MPa	≥125	GB/T 1449
2	弯曲模量	MPa	≥8 000	GB/T 1449
3	拉伸强度	MPa	≥80	GB/T 1040.4

注:表中数值为现场固化后的样本测试数据,采购方应详细咨询供货商的材料性能指标。

　　3　内层的软管应符合下列规定:

　　　　1）软管宜在现场进行环氧树脂浸湿作业,浸渍工艺应满足第 5.2.2 条第 3 款的相关要求,并以翻转方式进入外层支撑管内部并固化而成。

2）干软管宜由单层或多层聚酯纤维毡或同等性能材料制成,外表面应覆有与树脂相容的非渗透热塑性塑料膜,软管的接缝、接头宜采用热熔、缝合或热熔与缝合组合方式进行处理,接缝处的环向和纵向拉伸强度不应小于5 MPa。

3）干软管的材料性能应符合表5.2.3-4的要求,外膜和粘接内、外层软管用树脂的材料性能应分别符合表5.2.1-2和表5.2.1-3的要求。

表5.2.3-4 干软管的材料性能要求及试验方法

	性能指标	单位或百分比	要求	试验方法
1	环向拉伸强度	MPa	≥5	GB/T 1040.2
2	纵向拉伸强度	MPa	≥5	GB/T 1040.2
3	孔隙率	%	≥85	—
4	环向断裂伸长率	%	≥120	GB/T 1040.2
5	纵向断裂伸长率	%	≤5	GB/T 1040.2
6	厚度	mm	单层聚酯纤维非织造布厚度≥1.5,且固化后干软管厚度大于或等于设计厚度	GB/T 6672
7	表观	—	密实性好,真空状态下浸渍充分均匀,不出现气泡和白斑等缺陷	GB/T 20967

5.2.4 原位热塑成型法所用材料应符合下列规定:

1 生产衬管的材料应以高分子热塑聚合物树脂为主,加入改性添加剂时,添加剂应分散均匀,材料密度宜为 1 300 kg/m³ ～ 1 460 kg/m³。

2 衬管内外表面应光滑、平整,无裂口、凹陷和其他影响衬管性能的表面缺陷。衬管不应含有可见杂质。

3 衬管长度应大于待修复管道的长度；当用于非变径管道的修复时，衬管出厂的截面周长应略小于待修复管道周长。

4 衬管管壁的厚度应符合设计的规定，厚度检测应符合现行国家标准《塑料管道系统 塑料部件尺寸的测定》GB/T 8806 的规定。

5 衬管的力学性能应符合表 5.2.4 的要求。

表 5.2.4 热塑成型衬管力学性能

序号	性能指标	单位或百分比	要求	试验方法
1	断裂伸长率	%	≥30	GB/T 8804.1
2	拉伸强度	MPa	≥25	GB/T 8804.1
3	弯曲模量	MPa	≥1 800	GB/T 9341
4	弯曲强度	MPa	≥40	GB/T 9341

5.3 现场制管法

5.3.1 不锈钢内衬材料应符合下列规定：

1 内衬管材应选用食品级不锈钢，内衬管材的类别、质量应符合现行国家标准《生活饮用水输配水设备及防护材料的安全性评价标准》GB/T 17219 的规定。

2 不锈钢管材应在专业工厂生产加工、卷板，压卷成型后，质量应符合现行国家标准《流体输送用不锈钢焊接钢管》GB/T 12771 的规定，其力学性能、适用条件及用途应符合表 5.3.1-1 和表 5.3.1-2 的要求。

3 接口采用焊接工艺，焊丝规格、型号及质量应符合现行国家标准《不锈钢焊条》GB/T 983 的规定，用于焊接的不锈钢焊材应与所用不锈钢内衬材料相匹配。

4 不锈钢内衬管的外径和壁厚应符合现行国家标准《焊接钢管尺寸及单位长度重量》GB/T 21835 的规定。

5 施工现场管节安装的连接件和其他材料应配套存放,妥善保存,不得混用。

表 5.3.1-1 内衬不锈钢材料的力学性能

序号	性能指标		单位或百分比	要求	试验方法
1	06Cr19Ni10 (304 型)	管材屈服强度	MPa	≥210	
2		管材延伸率	%	≥35	
3	022Cr19Ni10 (304L 型)	管材屈服强度	MPa	≥180	
4		管材延伸率	%	≥35	
5	06Cr17Ni12Mo2 (316 型)	管材屈服强度	MPa	≥210	GB/T 228.1
6		管材延伸率	%	≥35	
7	022Cr17Ni12Mo2 (316L 型)	管材屈服强度	MPa	≥180	
8		管材延伸率	%	≥35	

表 5.3.1-2 内衬不锈钢材料适用条件及用途

牌号	适用条件	用途
06Cr19Ni10(304 型)	氯离子含量 ≤200 mg/L	饮用净水、生活饮用冷水、热水等管道
022Cr19Ni10(304L 型)		耐腐蚀要求高于 304 型场合的管道
06Cr17Ni12Mo2(316 型)	氯离子含量 ≤1 000 mg/L	耐腐蚀要求高于 304 型场合的管道
022Cr17Ni12Mo2(316L 型)		海水或高氯介质

5.3.2 聚氨酯喷涂内衬法所用材料应符合下列规定:

1 涂料应有产品合格证、质量保证书、出厂检测报告、使用说明书等数据。

2 涂料包装应完好,涂料包装上的信息应满足本标准第5.1.1条的相关规定。

3 涂料应存放在阴凉、通风、干燥的环境中,具体根据涂料厂家要求执行。

4 固化后的涂层应满足本标准第 5.1.2 条的相关规定。

5 聚氨酯修复材料是以异氰酸酯类化合物为 A 组分,胺类化合物为 B 组分,采用喷涂工艺使两组分混合、反应生成的弹性体内衬材料。双组分聚氨酯材料的主要技术指标应符合表 5.3.2-1 的要求。

表 5.3.2-1 聚氨酯材料主要技术指标

序号	性能指标	单位	要求	试验方法
1	凝胶时间	s	≤45	GB/T 23446
2	表干时间	s	≤60	GB/T 23446
3	实干时间	min	≤10	GB/T 23446

注:以手指触摸涂层表面不粘手,视为表干。

6 涂层厚度由待修复管道的管段状况以及修复要求等确定,以实现特定内衬涂层性能。涂层的力学性能应符合表 5.3.2-2 的要求。

表 5.3.2-2 涂层力学性能要求及试验方法

序号	性能指标	单位	要求	试验方法
1	拉伸强度	MPa	≥26	GB/T 528
2	弯曲模量	GPa	≥2.8	ASTM D790—03
3	弯曲强度	MPa	≥45	GB/T 9341

6 施 工

6.1 一般规定

6.1.1 非开挖修复工程施工应符合有关施工安全、职业健康、防火和防毒的法律法规,并应建立安全生产保障体系。

6.1.2 施工前,施工单位应编制施工组织设计或专项施工方案,并应按规定程序审批后实施。

6.1.3 施工单位应根据工程特点合理选用施工设备,对于不宜间断施工的修复方法,应有备用动力和设备。

6.1.4 施工前,应按待修复管道的竣工数据进行现场勘察;若无详细的竣工数据,应对待修复管道进行物探,以确定主管、支管、阀门、弯管等的具体位置、规格、数量、埋深等情况。

6.1.5 施工前,应对施工范围内的其他管线、地上地下建(构)筑物等进行勘察,办理电力电缆、通信电缆、军用电缆、天然气管道等地下管线的数据交底手续并进行相应地下管线单位的现场数据交底。

6.1.6 施工前,若占用交通道路设施,应向有关交通管理部门和道路设施管理部门申报,并编制交通疏导方案。

6.1.7 施工期间,应按现行国家标准《城镇供水服务》GB/T 32063 的有关规定采取相应的措施,满足用户的用水水量、水压、水质要求。

6.1.8 施工期间,应采取安全措施,并符合现行行业标准《城镇供水管网运行、维护及安全技术规程》CJJ 207 的有关规定。

6.1.9 施工后,应对管道接口进行相应的密封、连接、防腐处理。对不能及时连接的管道接口,应采取保护措施。

6.2 工作坑开挖与回填

6.2.1 工作坑开挖前,应确定工作坑位置和尺寸以及修复管段的划分,并根据本标准第4.5节和现场情况制定开挖方案。

6.2.2 工作坑的开挖范围应能保证施工人员顺利、安全地开展施工操作,不宜过大,避免阻塞交通。开挖以后应采取必要的围护措施防止土体塌方造成危险事故。

6.2.3 非开挖修复工程施工完毕并经验收合格后,应及时回填工作坑,工作坑的回填应符合现行国家标准《给水排水管道工程施工及验收规范》GB 50268 的有关规定。

6.3 管道预处理

6.3.1 管道在非开挖修复前应按本标准第3.2节的规定进行管道预处理,并制定合理的预处理方案。

6.3.2 管道清洗宜采用高压水射流、喷砂、机械清洗等方式进行,但不应使原有管道损坏。若发现有外部水体通过管体、接口等渗入管道的现象,应及时采取修复措施。

6.3.3 当采用超高压水射流清洗进行管道预处理时,应符合下列规定:

    1 超高压水射流设备应由专业人员操作。

    2 应合理控制清洗压力和流量,水射流不得对管壁造成损坏。

6.3.4 当采用常温固化法非开挖修复工艺时,(超)高压水射流清洗后,管内表面质量应符合现行国家标准《涂覆涂料前钢材表面处理 表面清洁度的目视评定 第4部分:与高压水喷射处理有关的初始表面状态、处理等级和闪锈等级》GB/T 8923.4 的有关规定,达到清理等级 Wa 2 级。

6.3.5 当采用喷砂清洗进行管道预处理时,应符合下列规定:

1 喷砂设备应由专业人员操作。

2 磨料应选用无毒、干净的金刚砂。

3 使用喷砂清洗工艺时,应在管道末端安装抽吸装置,完全吸除处理过程中产生的可见粉尘。

6.3.6 喷砂清洗完成后,管内表面质量应符合现行国家标准《涂覆涂料前钢材表面处理 表面清洁度的目视评定 第1部分:未涂覆过的钢材表面和全面清除原有涂层后的钢材表面的锈蚀等级和处理等级》GB/T 8923.1 的有关规定,达到喷射清洗等级 Sa2.5 级的要求。

6.3.7 管道内存在漏水、孔洞、焊瘤、外物入侵等局部缺陷时,可采用机械打磨、人工修复等方法进行预处理。

6.3.8 对于内衬管需要与母管进行粘合的修复工艺,管道内壁清洗后应达到 St2.0 级。

6.3.9 清洗后的管道内壁应符合修复工艺的要求,并采用 CCTV 检测设备进行检测后录像保存。

6.4 原位固化法

I 常温固化法

6.4.1 常温固化法采用的树脂软管进场后,应检查产品检验报告、产品合格证、质量保证书、保质期等。

6.4.2 常温固化法修复工程施工时,环境温度宜为 0℃~35℃。

6.4.3 常温固化法施工前应对管道进行预处理,预处理后的管道应干燥、无尘、无颗粒、无油污,且无内防腐层、其他内衬管、水垢、管瘤等影响粘合效果的附着物。管道表面应糙化并露出金属光泽;如不达标,应再次进行清理。

6.4.4 常温固化法施工前应根据施工段的管道长度备足复合筒状材料和粘合剂,并应符合下列规定:

1 粘合剂和固化剂应在搅拌桶内充分混合均匀,搅拌桶不得混入水和灰尘等杂物。

2 复合筒状材料浸渍粘合剂时,应经充分碾压,并达到饱和状态。

6.4.5 常温固化法施工阶段应符合下列规定:

1 启动翻转设备前,翻转接口应连接牢固。

2 翻转速度应控制在 1.5 m/min~3 m/min,翻转所需的压力应控制在 0.15 MPa 以下;实施至弯头处时,翻转速度应控制在 0.5 m/min 以内。

3 翻转完毕后应将管道两端连接好,并安装带有自动记录功能的压力表后加压固化。

4 固化压力应不低于翻转所需压力;固化时间应根据当时土壤温度所需最少固化时间和树脂到达合格硬度时间,取二者较大值。

6.4.6 固化完成后,内衬管起点和终点端部应进行密封和切割处理,并应符合下列规定:

1 内衬管端部应切割整齐,并伸出工作坑 20 mm~50 mm 作为取样样品管。

2 当接口处内衬管与原有管道结合不紧密时,应在内衬管与原有管道之间充填树脂混合物进行密封,且树脂混合物应与软管浸渍的树脂材料性能相同。

6.4.7 常温固化法施工完成后的管道应符合下列规定:

1 应启动 CCTV 检测系统对管道进行内窥录像检查,整个翻转段除弯头处可存在少量褶皱外,其他部分应连续、光滑且无污油、空鼓和分层现象。

2 修复后的管道在后期截管应采用冷切割方式。

3 修复后的管道应具备不断水开支管的条件。

6.4.8 常温固化翻转内衬法施工记录应对树脂的存储温度、冷藏温度和时间,树脂用量,湿软管浸渍停留时间和使用长度,翻转压力和温度,湿软管的固化温度、时间和压力等整个施工工艺进行记录。

Ⅱ 蒸汽固化法

6.4.9 蒸汽固化法采用的树脂软管进场后,应检查树脂软管的产品合格证、质量保证书、组成材料的产品性能检验报告,检查同配方内衬管的耐化学腐蚀检验报告。

6.4.10 蒸汽固化法施工前应对管道进行预处理,预处理后的管道应无影响内衬进入的沉积物、结垢、障碍物及尖锐凸起物且管内不应有积水。

6.4.11 浸渍树脂的湿软管进入施工现场时,应符合下列规定:

1 内衬材料管径、壁厚应满足设计要求。

2 湿软管的长度应大于待修复管道的长度,湿软管的直径应满足在固化后紧贴于原有管道内壁的要求。

3 湿软管厚度应均匀,表面无破损、无较大面积褶皱、无气泡、无干斑。

4 湿软管宜存储在低于 20℃的环境中,运输过程应全程冷藏、密封。

5 配套供应的湿软管修补料、辅助内套管应满足设计要求。

6.4.12 采用牵拉法将浸渍树脂的软管拉入待修复的管道。软管的拉入应符合下列规定:

1 拉入软管前应在旧管内铺设垫膜,垫膜应置于原管道底部,并覆盖大于 1/3 的管道周长,并应在原有管道两端进行固定,防止软管在安装过程中磨损或损伤。

2 应沿垫膜将软管平稳、缓慢地拉入原有管道,拉入速度不宜大于 5 m/min。

3 软管拉入过程中受到的最大拉力应符合式(6.4.12)的规定。

$$F = \sigma \frac{\pi(D_O^2 - D_I^2)}{6N_1} \qquad (6.4.12)$$

式中:F——软管最大允许拉力(N);

D_O——软管外径(mm);

D_I——软管内径(mm);

σ——软管的屈服拉伸强度(MPa);

N_1——安全系数,宜取 3.0。

4 软管两端接口伸出待修复管道的长度应符合表 6.4.12 的要求。

表 6.4.12　内衬软管两端伸出长度

软管直径(mm)	伸出长度(mm)
$D \leqslant 500$	500
$500 < D \leqslant 800$	800
$D > 800$	$\geqslant 1\ 000$

5 软管拉入原有管道后,宜对折放置在垫膜上。

6.4.13 安装完成后,应采用蒸汽对软管进行固化,并应符合下列规定:

1 蒸汽供应装置应装有压力计及温度测量仪,固化过程中应对压力及温度进行跟踪测量和监控。

2 在修复段起点和终点,距离接口大于 300 mm 处,应在软管与原有管道之间安装监测内衬管固化温度变化的温度传感器。

3 固化温度应均匀升高,固化所需的温度和时间以及温度升高速度应参照树脂材料说明书的规定或咨询树脂材料生产商,并应根据修复管段的材质、周围土体的热传导性、环境温度和地下水位等情况进行适当调整。

4 固化过程中,软管内的气压应能使软管与原有管道保持紧密接触,且压力不得超过软管在固化过程中所能承受的最大压力,并应保持该压力值直到固化结束。

5 可通过温度传感器监测的树脂放热曲线判定树脂固化的状况。

6.4.14 固化完成后,衬管的冷却应符合下列规定:

1 应先将内衬管的温度缓慢冷却至一定温度,冷却后不宜高于 45℃;冷却时间应参照树脂材料说明书的规定或咨询树脂材料生产商。

2 可用常温压缩空气替换软管内的蒸汽进行冷却,替换过程中内衬管内不得形成真空。

3 应待冷却稳定后方可进行后续施工。

6.4.15 蒸汽固化法施工固化完成后,内衬管起点和终点端部应进行密封和切割处理,并应符合下列规定:

1 内衬管端部应切割整齐,并伸出工作坑 20 mm～50 mm 作为取样样品管。

2 当接口处内衬管与原有管道结合不紧密时,应在内衬管与原有管道之间充填树脂混合物进行密封,且树脂混合物应与软管浸渍的树脂材料性能相同。

6.4.16 蒸汽固化法修复施工时,应做好施工记录和检验,包括树脂存储温度,树脂用量,软管浸渍停留时间和使用长度、温度,固化温度、时间和压力,内衬管冷却温度、时间和压力等。

Ⅲ 热水固化法

6.4.17 热水固化法采用的树脂软管进场后,应检查树脂软管的产品合格证、质量保证书、组成材料的产品性能检验报告,检查同配方内衬管的耐化学腐蚀检验报告。

6.4.18 热水固化法施工前应对管道进行预处理,预处理后的管道应无影响内衬进入的沉积物、结垢、障碍物及尖锐凸起物且管内不应有积水。

6.4.19 浸渍树脂的湿软管进入施工现场时,应符合下列规定:

1 内衬材料管径、壁厚应满足设计要求。

2 湿软管的长度应大于待修复管道的长度,湿软管的直径应满足在固化后紧贴于原有管道内壁的要求。

3 湿软管厚度应均匀,表面无破损、无较大面积褶皱、无气泡、无干斑。

4 湿软管宜存储在低于 20℃ 的环境中,运输过程应全程冷藏、密封。

5 配套供应的湿软管修补料、辅助内套管应满足设计要求。

6.4.20 热水固化法施工应采用水压方式将浸渍树脂的软管翻转置入原有管道。翻转施工时,应符合下列规定:

1 翻转时,软管的外层防渗塑料薄膜应向内翻转成内衬管的内膜,与软管内水相接触。

2 翻转压力应控制在软管扩展所需最小压力和软管所能承受的最大压力之间,并应满足使软管翻转到管道的另一端点,相应压力值应符合产品说明书的规定。

3 翻转过程中宜用润滑剂减少翻转阻力,润滑剂应为食品级产品,不得对湿软管的固化性能和施工设备产生影响。

4 翻转完成后,浸渍树脂软管伸出原有管道两端的长度应符合本标准表 6.4.12 的要求。

6.4.21 翻转完成后,应采用热水对软管进行固化,并应符合下列规定:

1 热水供应装置应装有温度测量仪,固化过程中应对温度进行跟踪测量和监控。

2 在修复段起点和终点,距离接口大于 300 mm 处,应在软管与原有管道之间安装监测内衬管固化温度变化的温度传感器。

3 热水宜从标高较低的接口通入。

4 固化温度应均匀升高,固化所需的温度和时间以及温度升高速度应参照树脂材料说明书的规定或咨询树脂材料生产商,并应根据修复管段的材质、周围土体的热传导性、环境温度和地下水位等情况进行适当调整。

5 固化过程中,内衬软管内的水压应能使软管与原有管道保持紧密接触,且压力不得超过软管在固化过程中所能承受的最大压力,并应保持该压力值直到固化结束。

6 可通过温度传感器监测的树脂放热曲线判定树脂固化的状况。

6.4.22 固化完成后,内衬管的冷却应符合下列规定:

1 应先将内衬管的温度缓慢冷却至一定温度,冷却后热水不宜高于38℃;冷却时间应参照树脂材料说明书的规定或咨询树脂材料生产商。

2 可用常温水替换内衬软管内的热水进行冷却,替换过程中内衬管内不得形成真空。

3 应待冷却稳定后方可进行后续施工。

6.4.23 固化完成后,内衬管起点和终点端部应进行密封和切割处理,并应符合下列规定:

1 内衬管端部应切割整齐,并伸出工作坑 20 mm～50 mm 作为取样样品管。

2 当接口处内衬管与原有管道结合不紧密时,应在内衬管与原有管道之间充填树脂混合物进行密封,且树脂混合物应与软管浸渍的树脂材料性能相同。

6.4.24 热水固化法修复施工时,应做好施工记录和检验,包括树脂存储温度、冷藏温度和时间,树脂用量,软管浸渍停留时间和使用长度,翻转压力、温度、固化温度、时间和压力,内衬管冷却温度、时间和压力等。

Ⅳ 紫外光固化法

6.4.25 紫外光固化法采用的树脂软管进场后,应检查产品检验报告、产品合格证、质量保证书、保质期等。

6.4.26 紫外光固化法施工前应对管道进行预处理,预处理后的管道应无影响内衬进入的沉积物、结垢、障碍物及尖锐凸起物,且管内不应有积水。

6.4.27 浸渍树脂的湿软管进入施工现场时,应符合下列规定:

1 内衬材料管径、壁厚应满足设计要求。

2 内衬材料的长度应大于待修复管道的长度;内衬材料的直径应满足在固化后紧贴于原有管道内壁的要求,不得产生影响质量的隆起或褶皱。

3 内衬材料厚度应均匀、表面无破损。

4 内衬材料在储存、运输、装卸和保管过程中应避光、防高温,不得损坏。

5 配套供应的内衬修补材料、辅助内衬套管应满足设计要求。

6.4.28 紫外光固化法施工时,应将浸渍树脂的软管拉入原有管道。软管的拉入应符合下列规定:

1 拉入软管前应在旧管内铺设垫膜,垫膜应置于原管道底部,并覆盖大于1/3的管道周长,并应在原有管道两端进行固定,防止软管在安装过程中磨损或损伤。

2 应沿垫膜将软管平稳、缓慢地拉入原有管道,拉入速度不宜大于5 m/min。

3 软管拉入过程中受到的最大拉力应符合本标准式(6.4.12)的规定。

4 软管两端接口伸出待修复管道的长度应符合本标准表6.4.12的要求。

5 软管拉入原有管道后,宜对折放置在垫膜上。

6.4.29 软管的扩展应采用高压风机进行,并应符合下列规定:

1 充气装置宜安装在内衬软管入口端,并应装有控制和显示压缩空气压力的装置。

2 应将端口固定装置安装在树脂软管端部准确位置,并应将护套、软管与端口固定装置绑扎牢靠,不得漏气。

3 充气前应仔细检查各连接处是否密封良好,在软管末端宜安装调压阀,防止管内空气压力过高。

4 压缩空气压力应能使内衬软管充分膨胀并紧贴于原管道内壁,管内充气压力值应根据产品说明书确定。

6.4.30 紫外光固化法施工时,应符合下列规定:

1 紫外光灯组应能保证固化完全,放入时应避免损伤内膜。

2 紫外光灯组拉入前,内衬管内的压力应达到材料生产商要求的最低值。

3 紫外光固化过程中内衬软管应保持压缩空气压力不变,使内衬软管与原有管壁紧密贴合。

4 应根据内衬管管径、内衬管壁厚、辐照强度等指标按照行业规范和生产商推荐值控制紫外光灯的行进速度,以保证树脂固化完全。在弯头处,紫外光灯组拉入速度应控制在 1 m/min以内。

5 内衬管固化完成后,应缓慢减低管内压力至大气压,降压速度不应大于 0.01 MPa/min。

6 内衬管冷却后应切除多余部分,切割位置宜选在距原有管道接口 30 cm 处,断面切割应齐整;切割过程中应采用粉尘回收装置,避免粉尘进入管道;切割下来的内衬管应留样并送第三方检测机构进行检验。

6.4.31 紫外光固化法修复施工时,应做好施工记录和检验,包括树脂软管拉入长度,扩展压缩空气压力,内衬材料固化温度、时间和压力,紫外光灯的巡航速度,内衬管冷却温度、时间和压力等。

V 叠层原位固化法

6.4.32 叠层原位固化法采用的玻璃纤维增强软管进场后,应检查产品检验报告、产品合格证、质量保证书、主要组成材料的产品性能检验报告,检查同配方内衬管的耐化学腐蚀型式检验报告。

6.4.33 叠层原位固化法施工前应对管道进行预处理,预处理后的管道应干燥,无尘、无尖锐凸起物、无管瘤等影响施工的其他附着物。

6.4.34 玻璃纤维增强软管宜在工厂内进行浸渍作业,并严格按照生产商的要求进行存储。

6.4.35 叠层原位固化法施工时,应将浸渍树脂的软管拉入原有管道。软管的拉入应符合下列规定:

1 拉入软管前应在旧管内铺设垫膜,垫膜应置于原管道底部,并覆盖大于 1/3 的管道周长,并应在原有管道两端进行固定,防止软管在安装过程中磨损或损伤。

2 应沿垫膜将软管平稳、缓慢地拉入原有管道,拉入速度不宜大于 5 m/min。

3 软管拉入过程中受到的最大拉力应符合本标准式(6.4.12)的规定。

4 软管两端接口伸出待修复管道的长度应符合本标准表 6.4.12 的要求。

5 软管拉入原有管道后,宜对折放置在垫膜上。

6.4.36 软管的扩展应采用高压风机进行,并应符合下列规定:

1 充气装置宜安装在内衬软管入口端,并应装有控制和显示压缩空气压力的装置。

2 应将端口固定装置安装在树脂软管端部准确位置,并应将护套、软管与端口固定装置绑扎牢靠,不得漏气。

3 充气前应仔细检查各连接处是否密封良好,在软管末端宜安装调压阀,防止管内空气压力过高。

4 压缩空气压力应能使内衬软管充分膨胀并紧贴于原管道内壁,管内充气压力值应根据产品说明书确定。

6.4.37 叠层原位固化法施工时,应符合下列规定:

1 紫外光灯组的放入应避免损伤内膜。

2 紫外光灯组拉入前,内衬管内的压力应达到材料生产商要求的最低值。

3 紫外光固化过程中内衬软管应保持压缩空气压力不变,

使内衬软管与原有管壁紧密贴合。

4 应根据内衬管管径、内衬管壁厚、辐照强度等指标按照行业规范和生产商推荐值控制紫外光灯的行进速度，以保证树脂固化完全。在弯头处，紫外光灯组拉入速度应控制在 1 m/min以内。

5 内衬管固化完成后，应缓慢减低管内压力至大气压，降压速度不应大于 0.01 MPa/min。

6 内衬管冷却后应切除多余部分，切割位置宜选在距原有管道接口 30 cm 处，断面切割应齐整；切割过程中应采用粉尘回收装置，避免粉尘进入管道；切割下来的内衬管应留样并送第三方检测机构进行检验。

6.4.38 玻璃纤维增强软管的翻转施工应符合下列规定：

1 翻转施工前，在修复管段起点和终点以及距离不大于 500 mm 处，应在湿软管和原有管道之间安装监测管壁温度变化的温度传感器。

2 翻转时，湿软管的外侧应向内翻转，涉水膜与翻转工作介质(气体或水)相接触；湿软管的内部应向外翻转，与结构层内壁粘结。

3 翻转压力应控制在使湿软管充分扩展所需最小压力和湿软管所能承受的允许最大内压之间，同时应能使湿软管翻转到待修管道末端。

4 翻转过程中宜用润滑剂减少翻转阻力，润滑剂应为食品级产品，润滑剂不得对湿软管的固化性能和施工设备产生影响。

6.4.39 玻璃纤维增强软管固化后，置入干软管，软管的翻转施工应采用充填压缩空气的方式将浸渍树脂的软管翻转置入待修复的管道，并应符合下列规定：

1 翻转时，翻转接口应连接牢固，翻转速度应控制在 1.5 m/min～3 m/min。

2 翻转压力应控制在软管扩展所需最小压力和软管所能承

受的最大压力之间,并应使软管翻转到管道的另一端点,相应压力值应符合产品说明书的规定。

3 翻转过程中宜用润滑剂减少翻转阻力,润滑剂应为食品级产品,不得对湿软管的固化性能和施工设备产生影响。

4 翻转完成后,浸渍树脂软管伸出原有管道两端的长度宜为 0.5 m～1.0 m。

6.4.40 翻转完成后,应采用蒸汽对软管进行固化,并应符合下列规定:

1 蒸汽供应装置应装有压力计及温度测量仪,固化过程中应对压力及温度进行跟踪测量和监控。

2 在修复段起点和终点,距离接口大于 300 mm 处,应在软管与原有管道之间安装监测内衬管固化温度变化的温度传感器。

3 固化温度应均匀升高,固化所需的温度和时间以及温度升高速度应参照树脂材料说明书的规定或咨询树脂材料生产商,并应根据修复管段的材质、周围土体的热传导性、环境温度和地下水位等情况进行适当调整。

4 固化过程中,软管内的气压应能使软管与原有管道保持紧密接触,且压力不得超过软管在固化过程中所能承受的最大压力,并应保持该压力值直到固化结束。

5 可通过温度传感器监测的树脂放热曲线判定树脂固化的状况。

6.4.41 固化完成后,衬管的冷却应符合下列规定:

1 应先将内衬管的温度缓慢冷却至一定温度,冷却后不宜高于 45℃;冷却时间应参照树脂材料说明书的规定或咨询树脂材料生产商。

2 可用常温压缩空气替换软管内的蒸汽进行冷却,替换过程中内衬管内不得形成真空。

3 应待冷却稳定后方可进行后续施工。

6.4.42 叠层原位固化法施工应检验并记录树脂的存储温度、冷藏温度和时间,树脂用量,外层玻璃纤维软管浸渍停留时间和使用长度,翻转压力和温度,玻璃纤维软管的固化温度、时间和压力,内层软管冷却温度、时间、压力等参数。

Ⅵ 原位热塑成型法

6.4.43 原位热塑成型法内衬管进场后,应检查产品合格证、质量保证书和产品性能检验报告,检查同规格内衬管的力学性能检测报告。

6.4.44 内衬管的运输、储存和现场预加热应符合下列规定:

1 热塑成型法管道内衬管在工厂生产后,应缠绕在木质或钢质的轮盘上,运输时应整盘放置在运输车上。

2 内衬管的现场储存可在常温下长时间储存,短时间(30 d 内)可露天储存;如需要长期储存,应储存在室内,或者用篷布遮盖,以避免日光长期照射。

3 在单个管道的修复施工中,内衬管运到现场后,应在对待修管道进行清洗的同时,开始对轮盘上的衬管进行预加热,预加热时应将衬管轮盘放入预制的蒸箱或是用塑料布覆盖。

4 预加热时间宜为 1 h～3 h,当内衬管软化后方可拖入待修管道。

6.4.45 内衬管的拖入应符合下列规定:

1 当待修管道的清洗和预处理结束,且内衬管的预加热结束之后,方可向待修管道内拖入内衬管。

2 内衬管拖入前应保证卷扬机的绳索处于完好状态,卷扬机绳索与卷盘上的内衬管应连接牢固。

3 内衬管拖入应在衬管软化状态时完成,否则应重新加热后再拖入。

6.4.46 内衬管的成型作业应符合下列规定:

1 当内衬管完全拖入后,应继续向内衬管内输入水蒸气对衬管加热,待其软化后在内衬管的上游和下游分别塞入专用管塞进行封堵。

2 上、下游塞入专用管塞后,应向内衬管内部输入水蒸气对内衬管作进一步加热软化。

3 当内衬管温度达到 70℃ 后,在通过一端管塞向衬管内部继续输入水蒸气,同时,通过另外一端的阀门控制衬管内部压力,使内衬管复原膨胀直至紧贴于待修管道的内壁。

4 内衬管内部压力不宜超过 0.05 MPa。

6.4.47 内衬管成型后的冷却和端口处理应符合下列规定:

1 在内衬管紧贴待修管道内壁后,应继续保持压力,向内衬管内部输入冷空气冷却内衬管。

2 当下游的温度表显示通流气体温度降至 40℃ 以下后,方可释放压力。

3 修复后管道两端多余内衬管应切除,并应根据设计要求将内衬管末端翻边至原管道的端口。

6.5 现场制管法

I 不锈钢内衬法

6.5.1 不锈钢内衬法进场材料验收应符合下列规定:

1 所用材料应具有产品合格证、质量保证书、性能检测报告、卫生许可批件和产品使用说明等证明资料。

2 应对管片型材、焊条按批次进行抽样检测。

3 不锈钢管片的类别、成分、质量和性能应符合现行国家标准《流体输送用不锈钢焊接钢管》GB/T 12771 的规定。

4 不锈钢管接口采用焊接工艺,选用焊丝规格、型号及质量要求应符合现行国家标准《不锈钢焊条》GB/T 983 的规定,用于焊接的不锈钢焊材应与所用不锈钢内衬材料相匹配。

6.5.2 不锈钢内衬法施工前,应符合下列规定:

1 操作设备应安装牢固、稳定。

2 操作人员应经培训合格。

3 布管场地应满足管节焊接长度要求。

4 管段的组对拼接、钢管节的防腐施工、钢管接口焊接无损检验应符合设计要求。

6.5.3 不锈钢内衬安装作业应符合下列规定：

1 进行不锈钢内衬安装前，应对原有管道进行清洗除垢，保持管内整洁、干燥，并应持续强制通风。管道内施工人员应穿戴劳动保护装备，管内电源线应绝缘良好。

2 不锈钢管材送入原有管道内部焊接前，应采用专用卷管设备将板材卷制成筒状管坯，卷管角度和曲率半径应按管道原状确定，管坯长度应小于工作坑长度。

3 弯头、变径、支管等特殊部位的不锈钢内衬，应准确测量内衬部位尺寸，并应按设计图下料。技术人员应绘制下料尺寸图，并应负责内衬作业技术交底。

4 不锈钢管坯应通过工作坑逐节运输，并应在原有管道内进行焊接，运输时应采取防护措施。在待修部位，应采用人工与专用胀管器结合的方式将不锈钢管坯撑圆，宜采用每隔 100 mm点焊 1 处的方式使不锈钢管紧贴原管道。

5 应在完成管坯布板固定拼接后，再进行纵向和横向的接缝焊接，焊缝质量检测合格后方可进行后续工作。

6 遇母管弯头、接口，应采用不锈钢快锁工艺进行局部加固。

6.5.4 内衬管的焊接应符合下列规定：

1 不锈钢焊接作业应符合现行国家标准《现场设备、工业管道焊接工程施工规范》GB 50236 的有关规定。

2 当焊接作业的高温易对原有管道产生不良影响时，应采取隔热措施。

3 对接焊缝组对时，内壁应齐平。

4 不锈钢焊接时,纵缝错开不应小于 100 mm,且不得产生十字焊缝。

5 原有管道端部,应对不锈钢内衬管与原有管道内壁之间进行满焊密封处理。

6 在弯头处应采用多环缝管内对拼焊接,使内衬管紧贴原管道内壁。

6.5.5 不锈钢内衬管焊缝应外观整齐、无气孔、无未焊透、无裂纹、无焊瘤、无过烧,并对焊缝质量进行探伤检测,达到标准后方可进行后续作业。

6.5.6 除了板间的环向搭接以外,不锈钢内衬管宜间隔设置不锈钢支撑环。

6.5.7 不锈钢内衬法施工时,应检验并记录不锈钢管坯制作、内衬焊接安装、焊缝探伤检测和支撑安装等情况。

Ⅱ 聚氨酯喷涂内衬法

6.5.8 喷涂材料运至施工现场后应检查其外包装的完好情况和凝结情况,查验产品检验报告、产品合格证、质量保证书、保质期等,并应根据设计要求进行试喷涂,达到无气孔、无鼓泡、无流挂的质量要求。

6.5.9 喷涂材料在加入喷涂设备时应符合下列规定:

1 喷涂材料加入喷涂设备料仓后,A 料仓内应充氮气以隔绝空气,使仓内涂料保持干燥。

2 喷涂设备加热启动前应先启动喷涂设备的配套发电机和空气压缩机,并检查喷涂设备各部件运行状况。

3 在脐管内将喷涂材料加热至 46℃并且大循环完成后应进行 3 次重量比检测,A、B 料的重量比误差应控制在 ±5% 以内。

6.5.10 喷涂设备现场就位时应符合下列规定:

1 将喷涂设备安置在待修复管道一侧,喷涂设备的脐管滚轴与坑边缘距离宜控制在 0.5 m 左右,发电机、空气压缩机等辅助设备应就近安置于喷涂设备周围。

2 喷涂设备纵轴线与待修复管道纵轴线宜在同一直线上。若现场条件不符合,喷涂设备纵轴线与管道纵轴线偏转不得超过 $10°$。

6.5.11 喷涂施工前应将脐管拖拉就位,并在脐管前端安装喷头,并应符合下列规定:

1 脐管安装拖拉头时,应在干净的垫层上拆卸安装螺丝,避免垃圾进入脐管以及两种组分相遇混合结块;拖拉受力的钢链条应绷直安装,以免拖拉头和脐管的连接螺丝受力脱落造成涂料外泄污染管道。

2 将脐管拖入待修复管道内时应注意拖拉速度,进入管道端应安装滚轮以避免脐管和管壁摩擦损坏。

3 拆卸拖拉头后,应在垫层上立即将料管、压缩空气管连接至混合块和空气马达,空气马达在接入连接管后应加入润滑剂;拖拉受力的钢链条应绷直安装,避免混合块和脐管的连接螺丝受力脱落造成涂料外泄污染管道;应将连接用的料管和压缩空气软管和顺、牢固地绑扎在一起,以降低拖拉阻力。

4 应根据待修复管道内径的尺寸选择喷头和相应的拖车或滑车,旋杯应在拖车或滑车上调节垂直距离,并保证其中心和管道的轴向中心对齐。

5 调节旋杯转速时,喷头操作人员和喷涂设备操作人员应紧密配合,使用转速测量仪将旋杯转速调节至 10 000 r/min,旋杯转速不宜过高。

6.5.12 喷涂施工阶段应符合下列规定:

1 喷头操作人员应穿戴全套防护用具,并在喷头处观察涂料的出料状况;若发现涂料混合异常或其他不合理状况,应立即示意设备操作人员停止脐管拖拉,查明原因后再行施工。

2 在喷涂过程中,设备操作人员应时刻观察喷涂设备的运行状况,辅助操作人员应对发电机、空气压缩机的运行状况进行维护、观测,以保证整个喷涂过程平稳有序,防止喷涂过程出现意外的停顿中止。

3 在喷涂施工过程中应观测脐管在卷筒上的缠绕状况,若发现错位、空挡等情况应立即排除。

4 喷涂至末端时,喷头操作人员应提前做好准备,将操作工具安置于便于抓取的位置,待喷头出管端 0.5 m 后,先示意设备操作人员停止拖拉,关 A 料阀门,间隔 10 s 后再关闭 B 料阀门,阀门关闭后立即示意设备操作人员关闭喷涂模式,停止主泵运行。

5 给水管道每次喷涂厚度不宜大于 2.75 mm,且不宜小于 1.2 mm。厚度大于 2.75 mm 时,应多次喷涂,每次喷涂应在前一次涂层固化后进行,两次喷涂的时间间隔宜为 90 min～120 min。

6.5.13 聚氨酯喷涂内衬法施工现场应备置洗眼器或清洁饮用水。

6.5.14 聚氨酯喷涂内衬法施工过程中应详细记录整个施工阶段的状况,包括环境温度和湿度、主泵的压力和流量、涂料的温度、喷头的拖拉速度、内衬涂层的冷却时间等。

7 验 收

7.1 一般规定

7.1.1 给水管道非开挖修复工程的分项、分部、单位工程的划分应符合表 7.1.1 的规定。

表 7.1.1 给水管道非开挖修复工程的分项、分部、单位工程的划分

单位工程 （可按一个施工合同或视工程规模按一个路段、一种施工工艺， 分为一个或若干个单位工程）		
分部工程	分项工程	分项工程验收批
两工作坑 之间	1. 工作坑（降排水、围护结构、开挖、坑内布置）	每座
	2. 原管道预处理	两工作坑 之间
	3. 修复管道（各类施工工艺）	
	4. 接口连接与处理	
	5. 管道试压与清洗消毒	

注：当工程仅有 1 个修复段（两工作坑之间）时，可视为单位工程。

7.1.2 管道非开挖修复工程的质量验收应符合现行国家标准《给水排水管道工程施工及验收规范》GB 50268 的有关规定和设计文件的要求。

7.1.3 工作坑的围护结构、井内结构施工质量验收应符合现行国家标准《建筑地基基础工程施工质量验收标准》GB 50202、《给水排水构筑物工程施工及验收规范》GB 50141 的有关规定。

7.1.4 使用的计量器具和检测设备，应经计量检定、校准合格。

7.1.5 管道修复完成后，应采用 CCTV 检测设备对管道内部进

行表观检测。当管径大于 800 mm 时,可采用管内目测。检测数据应存入竣工档案。

7.1.6 当修复工程的质量验收不合格时,应按下列规定处理:

1 经返工重做或更换管节、管件、管道设备等的验收批,应重新进行验收。

2 经有相应资质的检测单位检测鉴定能够达到设计要求的验收批,可予以验收。

3 经返修或加固处理的分项工程、分部工程,改变外形尺寸但仍能满足结构安全和使用功能要求的,可按技术处理方案文件和协商文件进行验收。

7.1.7 通过返修或加固处理仍不能满足结构安全或使用功能要求的分部工程、单位工程,严禁通过验收。

7.1.8 工程验收合格后,应按现行行业标准《城镇供水管网运行、维护及安全技术规程》CJJ 207 的有关规定并网运行。

7.2 管道预处理

Ⅰ 主控项目

7.2.1 管道预处理后的表面质量应符合本标准第 6.3.4、6.3.6 和 6.3.8 条的规定。

检查方法:检查 CCTV 检测记录。

检查数量:全部检查。

Ⅱ 一般项目

7.2.2 原有管道预处理应满足后续处理工艺施工的要求。

检查方法:检查原有管道预处理施工记录、材料和实体施工检验记录或报告。

检查数量:全部检查。

7.3 原位固化法

Ⅰ 主控项目

7.3.1 原位固化法所用软管等进场材料应符合本标准第 5.2 节的规定,产品合格证、卫生许可证、质量保证书和产品性能检验报告应检查合格。

检查方法:检查产品合格证、卫生许可证、质量保证书和产品性能检验报告等。

检查数量:全部检查。

7.3.2 固化后应在管口处按设计要求进行切割取样,并送第三方检测。取样的成品内衬管其主要力学性能指标经检验应符合设计要求和本标准第 5.2 节的材料性能指标要求。

检查方法:现场切割取样、检测。

检查数量:同一生产厂家、同一加工批次、同一管径的产品现场取样不少于 1 组。

7.3.3 修复后内衬管的壁厚应不低于设计要求。壁厚检验应按现行国家标准《塑料管道系统 塑料部件尺寸的测定》GB/T 8806 的有关规定执行。

检查方法:用测厚仪、卡尺、钢尺等量测。

检查数量:修复管段的两个端头,每个端头均布 8 个测点。

7.3.4 修复后的内衬管应与原有管道贴附紧密,内衬管不应出现裂缝、孔洞、褶皱、起泡、干斑、分层和软弱带等影响管道使用功能的缺陷。

检查方法:检查施工记录、CCTV 检测记录(或管内目测记录)。

检查数量:全部检查。

7.3.5 管道接口应进行密封处理,与原有管道间无缝隙。

检查方法:观察,检查施工记录。

检查数量:全部检查。

Ⅱ 一般项目

7.3.6 修复管道内壁应光洁、平整、线性、无明显突起；接口、接缝应平顺，新旧管道过渡应平缓。

检查方法：检查施工记录、CCTV检测记录等。

检查数量：全部检查。

7.3.7 工作坑内的连接管道应做好内、外防腐处理。

检查方法：观察，检查施工记录。

检查数量：全部检查。

7.4 现场制管法

Ⅰ 主控项目

7.4.1 现场制管法主要进场型材、管材、原材料应符合本标准第5.3节的规定，产品合格证、卫生许可证、质量保证书、出厂检验报告应检查合格，材料的外观检查、抽样检测、进场复检应合格。

检查方法：检查产品合格证、卫生许可证、质量保证书和出厂检验报告等。

检查数量：全部检查。

7.4.2 不锈钢内衬法质量检验应符合下列规定：

1 主要技术指标应符合本标准第5.3.1条和设计文件的规定；纵向、环向焊缝应完整、连接紧密，无气孔、鼓泡、裂缝、冷缝现象。

检查方法：对照设计文件，按本标准第5.3.1条进行检验。

检查数量：全部检查。

2 焊缝应用100%的渗透检测或超声波探伤进行内部缺陷的检验，其内部缺陷分级及探伤方法应符合现行国家标准《焊缝无损检测 焊缝渗透检测 验收等级》GB/T 26953和《焊缝无损

检测　超声检测　技术、检测等级和评定》GB/T 11345 的有关规定。

检查方法:检查探伤记录。

检查数量:全部检查。

7.4.3 聚氨酯喷涂内衬法质量检验应符合下列规定:

1 内衬涂层应在管端处取样,检测涂层性能,其力学性能和检测方法应符合本标准表 5.3.2-2 的规定。

检查方法:现场切割取样、检测。

检查数量:同一生产厂家、同一加工批次、同一管径的产品现场取样不少于 1 组。

2 对已修复管道两端管头 0.5 m 处的涂层厚度进行检测,管道的上、下、左、右 4 个点的厚度平均值与设计值的允许偏差不应超过设计值的 20%。

检查方法:对照设计文件,用测厚仪或卡尺等测量。

检查数量:全部检查。

3 已修复管道内衬涂层应紧贴管道内壁、无缝隙、无流挂。

检查方法:观察,检查施工记录。

检查数量:全部检查。

4 管道接口应进行密封处理。

检查方法:观察,检查施工记录。

检查数量:全部检查。

Ⅱ　一般项目

7.4.4 修复管道内壁应光洁、平整、线性、无明显突起;接口、接缝应平顺,新旧管道过渡应平缓。

检查方法:检查施工记录、CCTV 检测记录等。

检查数量:全部检查。

7.4.5 内衬管两端与原有管道间的环状空隙应密封良好并符合设计要求。

检查方法:观察;对照设计文件和施工方案,检查施工记录、密封记录等。

检查数量:全部检查。

7.4.6 工作坑内的连接管道应做好内、外防腐处理。

检查方法:观察,检查施工记录。

检查数量:全部检查。

7.5 管道水压试验与冲洗消毒

7.5.1 修复后的管道应进行管道水压试验,管道水压试验应符合现行国家标准《给水排水管道工程施工及验收规范》GB 50268 的有关规定和设计文件的要求。

7.5.2 管道水压试验合格后,应按现行国家标准《给水排水管道工程施工及验收规范》GB 50268 的有关规定对管道进行冲洗消毒和水质检验。

7.5.3 修复后的管道经水压试验合格和水质检验达标后,方可回填工作坑,并允许并网通水投入运行。

8 数字存档与管理

8.1 修复前管道数字存档

8.1.1 管道非开挖修复前均应进行数据采集和数字存档。

8.1.2 管道数据采集应采取安全措施,可采用 CCTV 检测,并应符合现行行业标准《城镇供水管网运行、维护及安全技术规程》CJJ 207 的有关规定。

8.1.3 不同管段管道信息的视频录制保存方式应根据管段长度、作业过程和管道量级等综合确定。当管段长度较长时,宜采用完整保存的方式,每个管段应采用独立的视频记录完整管道信息;当管段长度较短,需要同时采集多个管段时,宜采用一次录制、分段保存的方式,对录制视频中不同的管段进行编号,通过后期处理将不同管段的视频内容进行拆分后,再实现管段和视频的匹配绑定。

8.1.4 管道非开挖修复前的数字存档应包含当前作业区域内所有管段的编号和视频影像文件。

8.2 修复后管道数字存档

8.2.1 管道非开挖修复后,应再次开展数据采集,用于和修复前的数字存档进行对比,可采用 CCTV 检测。此外,尚宜开展管道走向的测绘作业,可使用惯导测绘仪进行采集。

8.2.2 修复后管道的数据采集应满足本标准第 8.1.2 和 8.1.3 条的相关规定,完成修复后管道的数据采集后,应对修复前管道的数字存档进行更新,增加修复完成后的数字存档信息。

8.2.3 修复后管道的测绘作业宜实现数据单管单测,保证每段修复管道都有对应的测绘数据,并根据管径信息以及连接件,使用人工建模或机器建模的方式生成管道 BIM 模型。

8.2.4 管道非开挖修复后的数字存档宜包括当前作业区域内所有管段的编号、管道修复后的视频影像文件、测绘数据文件、BIM 模型文件,其中管段编号应与管道修复前的管段编号一一对应。

8.3 工作坑数字存档

8.3.1 对于施工过程中不同施工阶段的工作坑,宜采用载有激光雷达传感器的移动设备进行三维重建生成数字模型扫描的方式进行记录,可使用消费级设备快速实现,保留工作坑施工过程的数字存档。

8.3.2 移动设备应配置后置摄像头以及激光雷达,通过专用三维重建扫描软件,对工作坑进行快速三维重建,生成对应的三维模型。每个工作坑均宜进行单独的模型扫描;受条件限制,多个工作坑需使用同一个模型时,应提前记录各工作坑的边界点并且后期切割处理模型,确保切割处理后的每个模型与具体的工作坑一一对应。

8.3.3 生成的三维模型应包含多种导出格式,并应适配常规点云查看软件或三维模型查看软件。

8.3.4 工作坑的定位数据采集宜满足模型在现场重定位的精度要求,选择施工现场环境中辨识度较高、不随时间变化明显的物体或者场景作为定位点,在模型的对应位置标记经纬度定位点,并记录对应的经纬度信息数据。每个施工段的定位点数量不宜少于 2 个,不同施工段的采集点选择标准宜统一,可选择工作坑起始和终点的井作为定位点。

8.3.5 三维重建模型绑定定位数据宜统一保存留档,根据工作坑和管道的关系,工作坑列表、模型数据列表和管道资源数据列表应根据空间绑定,进行统一管理并实现同步查询。

8.3.6 工作坑的数字存档宜包括三维模型及模型上标注的定位点、定位点的经纬度信息以及对应管道的编号和信息。

8.4 接口检测信息数字存档

8.4.1 管道非开挖修复完成后的接口处,宜对拼接施工质量进行检测,可使用超声波探伤记录仪进行探伤检测。

8.4.2 检测区域宜进行经纬度的测量,用于被检测接口的定位。

8.4.3 接口检测信息的数字存档宜包括检测区域及检测接口的位置信息、对应管段的编号及检测报告。

8.5 数字资产管理系统

I 一般规定

8.5.1 给水管道非开挖修复工程的数字资产管理系统宜包括数字资产存档和查看、智慧综合管理等内容,并宜满足下列要求:

    1 网络环境宜符合安全性、开放性、兼容性、可扩性和可靠性要求。

    2 宜支撑私有云、公有云、混合云等多种基础环境,具备跨平台部署和应用能力。

    3 宜考虑后续发展的需求,预留接口和扩容空间。

    4 数据传输方式可分有线和无线等传输方式,选择传输方式宜遵守经济合理、技术先进的原则。

    5 宜有日志审计功能,通过检查数据访问审计日志,分析用户操作信息,评估数据的安全风险。

8.5.2 给水管道非开挖修复工程数字资产管理系统软件文档编制应符合现行国家标准《计算机软件文档编制规范》GB/T 8567 的有关规定。

8.5.3 软件可靠性和可维护性应符合现行国家标准《计算机软件可靠性和可维护性管理》GB/T 14394 的有关规定。

8.5.4 软件测试文件应符合现行国家标准《计算机软件测试文件编制规范》GB/T 9386 的有关规定。

8.5.5 信息系统通用安全应符合现行国家标准《信息安全技术 信息系统通用安全技术要求》GB/T 20271 的有关规定。

8.5.6 信息系统安全管理应符合现行国家标准《信息安全技术 信息系统安全管理要求》GB/T 20269 的有关规定。

8.5.7 网络安全等级保护应符合现行国家标准《信息安全技术 网络安全等级保护测评要求》GB/T 28448 的有关规定。

8.5.8 工业控制系统安全应符合现行国家标准《信息安全技术 工业控制系统安全控制应用指南》GB/T 32919 的有关规定。

8.5.9 云计算服务安全应符合现行国家标准《信息安全技术 云计算服务安全指南》GB/T 31167 和《信息安全技术 云计算服务安全能力要求》GB/T 31168 的有关规定。

Ⅱ 总体架构

8.5.10 给水管道非开挖修复工程数字资产管理系统的架构宜由数据层、平台层、功能应用层及用户展示层构成。

1 数据层宜对管道修复工程数据资源进行分类建库,建立不同数据类的标准化存储、调用、共享、管理和实时更新,使数据资源发挥对管道修复管理的支撑作用。

2 平台层宜由数据采集存储和数据分析两大主要功能模块组成,通过无线传输技术实现对数据集中接收并存储于服务器中,并按功能需求对所有数据进行综合分析处理。

3 应用层宜包括综合管理、模型查看、数据下载等功能,以及为智慧应用提供公共服务能力。如鉴权认证、统一报表和流程服务。覆盖管道非开挖修复全要素监测"一张网",设施设备资产"一张图",该层功能可根据使用者的实际需求进行扩展和调整。

4 用户展示层宜包括 Web 登录、App 等,主要实现整个智慧管理系统功能控制管理的应用,以智能手机、电脑和 PAD 等设备为媒介,对支撑架体系进行实时管理。

8.5.11 给水管道非开挖修复工程数字资产管理系统总体架构除符合上述条款外,还应符合现行国家标准《数字城市地理信息公共平台运行服务质量规范》GB/T 33448 的有关规定。

Ⅲ 管理系统

8.5.12 管理平台宜搭建弹性可扩展、共享解耦合的基础支撑架构,满足未来的快速迭代升级。

8.5.13 管道信息宜可共享,通过管理系统,实现数据采集、清洗、治理服务,应提供多样的系统接口,方便其他业务系统的对接,避免数据孤岛,实现数据标准化治理、可视化分析,为各层管理者提供更为全面的数据感知和决策支持。

8.5.14 管理系统应以基础数据建设的数字化为基线,提升管道修复以及管道治理运营能力,实现管道健康监测智能化。

Ⅳ 智慧综合管理平台技术要求

8.5.15 智慧综合管理平台具备的基本功能宜包括数据查看、数据下载、工单分析等,除了 PC Web 端应用之外,宜支持移动终端应用的功能。

8.5.16 智慧综合管理平台宜具备满足系统长期稳定高效运行的性能需求,包含系统高容错、低耦合、高安全性。

8.5.17 智慧综合管理平台可靠性宜符合下列基本要求:

1 选用双机设备或云服务。

2 严格的授权访问机制,杜绝非法访问和恶意攻击。

3 平台具有开放性和可扩展性,以便接入更多的其他应用管理模块。

本标准用词说明

1 为便于在执行本标准条文时区别对待,对要求严格程度不同的用词说明如下:

    1）表示很严格,非这样做不可的用词:

        正面词采用"必须";

        反面词采用"严禁"。

    2）表示严格,在正常情况下均应这样做的用词:

        正面词采用"应";

        反面词采用"不应"或"不得"。

    3）表示允许稍有选择,在条件许可时首先应这样做的用词:

        正面词采用"宜";

        反面词采用"不宜"。

    4）表示有选择,在一定条件下可以这样做的用词,采用"可"。

2 条文中指明应按其他有关标准、规范执行时的写法为"应符合……的规定"或"应按……执行"。

引用标准名录

1 《室外给水设计标准》GB 50013

2 《给水排水管道工程施工及验收规范》GB 50268

3 《给水排水工程管道结构设计规范》GB 50332

4 《城镇给水管道非开挖修复更新工程技术规程》CJJ/T 244

5 《城镇供水管网运行、维护及安全技术规程》CJJ 207

6 《生活饮用水输配水设备及防护材料的安全性评价标准》GB/T 17219

7 《塑料 弯曲性能的测定》GB/T 9341

8 《塑料 拉伸性能的测定 第 2 部分:模塑和挤塑塑料的试验条件》GB/T 1040.2

9 《塑料 拉伸性能的测定 第 4 部分:各向同性和正交各向异性纤维增强复合材料的试验条件》GB/T 1040.4

10 《纤维增强塑料弯曲性能试验方法》GB/T 1449

11 《流体输送用不锈钢焊接钢管》GB/T 12771

12 《不锈钢焊条》GB/T 983

13 《金属材料 拉伸试验 第 1 部分:室温试验方法》GB/T 228.1

14 《喷涂聚脲防水涂料》GB/T 23446

15 《硫化橡胶或热塑性橡胶 拉伸应力应变性能的测定》GB/T 528

16 《非增强和增强塑料及电绝缘材料弯曲性能的标准试验方法》ASTM D790-03

17 《涂覆涂料前钢材表面处理 表面清洁度的目视评定 第 4 部分:与高压水喷射处理有关的初始表面状态、处理等

级和闪锈等级》GB/T 8923.4

18　《涂覆涂料前钢材表面处理　表面清洁度的目视评定　第1部分:未涂覆过的钢材表面和全面清除原有涂层后的钢材表面的锈蚀等级和处理等级》GB/T 8923.1

19　《建筑地基基础工程施工质量验收标准》GB 50202

20　《塑料管道系统　塑料部件　尺寸的测定》GB/T 8806

21　《焊缝无损检测　超声检测　技术、检测等级和评定》GB/T 11345

22　《城镇排水管道原位固化修复用内衬软管》T/CUWA 60052

上海市地下管线协会标准

城镇给水管道非开挖修复工程技术标准

T/SUPA 001—2022

条 文 说 明

2024 上海

目　次

Contents

1 总 则

1.0.1 本条阐述了制定本标准的目的和依据。随着城市建设的发展,上海市的给水管网老化和管道漏损的现象日益严重。目前,上海市用非开挖修复技术对给水管道进行修复的工程日趋增多,保证修复工程的质量对于给水管道的安全运行显得尤为重要。虽然在现行行业标准《城镇给水管道非开挖修复更新工程技术规程》CJJ/T 244 中提及了多种修复方法,但有的不适应上海市工况条件,有的在上海市应用不多,而有几个在上海市成熟的工法却没有被行业标准纳入。

1.0.2 本标准中的给水管道是指带压运行的市政配水管道(不包含原水管道、管渠等)。

1.0.3 城镇给水管道非开挖修复工程不仅要遵循本标准的规定,同时还要符合现行国家标准《室外给水设计标准》GB 50013、《给水排水管道工程施工及验收规范》GB 50268、《给水排水工程管道结构设计规范》GB 50332、《城市给水工程项目规范》GB 55026 及现行行业标准《城镇给水管道非开挖修复更新工程技术规程》CJJ/T 244 等标准的规定。

2 术语和符号

2.1 术 语

2.1.1 本标准中规定的非开挖修复涵盖了本市使用较成熟的各种工法，包括常温固化法、蒸汽固化法、热水固化法、紫外光固化法、叠层原位固化法、原位热塑成型法等原位固化法，以及不锈钢内衬法、聚氨酯喷涂内衬法等现场制管法。

2.1.12 叠层原位固化法为采用光固化的外层支撑管和采用蒸汽固化的内层内衬软管的组合修复方法，兼具强度高、施工距离长、厚度损失小、施工快的优点；同时，内层软管表面加厚的聚乙烯涂层厚度保证了长期供水运行的安全性。综上，可用于满足有较高使用要求的应用场景。

3 修复前准备

3.1 一般规定

3.1.2 针对非开挖修复类的常用检测设备主要指 CCTV 检测设备，但 CCTV 检测设备在管内有水或有较多弯头情况下，实施难度较大；近几年出现的不停水带压检测类设备能够有效对管道支接管情况、管内锈瘤情况等进行检查。

3.2 管道检测

3.2.1 CCTV 检测是应用最广泛的管道检测方法，其检测成果是管道评估和管道修复方法选择的重要依据。在给水管道非开挖修复工程中，一般均应在修复工程设计和施工前进行 CCTV 检测。

3.2.2 供水管道内检测技术可在带水带压的供水管道内，对供水管道结构缺陷（变形、泄漏等）、管道结构特征（三通、弯头等）和管道运行状态缺陷（气囊、杂质等）进行采集并记录。按检测装置在管道内的运行方式，可分为系统式管道内检测技术和自由式管道内检测技术。下列情况宜优先开展供水管道内检测：

    1）近 3 年同一供水管道发生自然管损事件 3 次及以上的；

    2）管龄超过 30 年的；

    3）灰口铸铁、混凝土、铸态球墨铸铁等管材的；

    4）其他需开展检测的。

    主要的供水管道内检测指标描述见表 1。

表 1　供水管道内检测指标

序号	类别	检测指标	指标描述
1	管道结构缺陷	泄漏	管道破裂导致的水量流失
2		变形	管道的原始形状被改变
3		错位	两根管道的套头接口处偏离,未处于管道的正确位置
4		腐蚀	管道内壁受到有害物质的腐蚀或管道内壁受到磨损
5		管瘤	减少管道横截面积的附着堆积物
6		内涂衬脱落	管道内涂衬剥落
7		异物	非自身管道附属设施的物体存在于管道内
8	管道结构特征	连接状态	三通、错接、变径、变材等管道连接状态
9		附件	管道附属设施,如蝶阀等
10	管道运行状态缺陷	气囊	管道内由气体聚集形成的气囊
11		杂质	管道内悬浮物或沉积物
12		局部淤塞	管道中有机或无机物,在管道底部沉积,形成了减少管道横截面的沉积物

3.2.3　取样检测的管段可通过几何测量、钻孔、力学试验等方法进行直观检测。

3.2.4　结构性缺陷包括裂缝、变形、腐蚀、脱节、界面材料脱落等;功能性缺陷包括沉积、腐蚀瘤、水垢、污染物、障碍物、渗漏等;特殊结构和附属设施包括变径、倒虹管、阀门等。

3.3　管道调查

3.3.2　现存的待修复管道数量庞大,管道调查报告中应根据供水替代性、管龄、交通影响程度、漏水改善效益、改造实施难度、周边环境条件给出优先级建议,并提示改造需涉及的相关权责单位,确保改造过程的顺利实施。同时,应向管道权属单位进行意见征询,作为定案参考。

4 设 计

4.2 修复工法选择

4.2.2 热水固化设备需要现场提供稳定的循环热水,这就需要性能稳定的热水锅炉车,同时,需要牵引设备等固化辅助设备,设备占地大,故现场作业面要求高。而蒸汽固化法的翻转设备和蒸汽固化设备均集成在一台车上,故施工占地较小。

目前用于供水管道紫外光固化法的材料主要依靠进口,一般来说,无苯乙烯的乙烯基酯树脂才能符合饮用水卫生标准。如树脂含有苯乙烯的话,即使含量非常少,原则上也无法通过卫生测试。

而叠层原位固化法为组合式工艺,玻璃纤维内衬起结构支撑作用,只需与水直接接触层材料(环聚酯纤维/聚乙烯材料)办理卫生许可批件,检测结果需符合现行国家标准《生活饮用水输配水设备及防护材料的安全性评价标准》GB/T 17219 的要求。

上海目前供水管道最大口径为 $DN2000$,且大于或等于 $DN2000$ 的供水管道不锈钢内衬受负压下易屈曲失效,安全运营风险大增,须另作设计验证。

有报道表明,不锈钢内衬法用于金属管材后会造成电腐蚀效应,后期管内会产生大量腐蚀,但因尚未有定论,故本条并未对其适用的原有管道材质进行限定。

表 4.2.2-1 中喷涂内衬法仅保留了聚氨酯喷涂内衬法,这是由于水泥砂浆喷涂法、环氧树脂喷涂法的涂层力学性能都不具备城镇给水管道非开挖修复在结构强度上的要求,而聚氨酯喷涂内衬法的涂层拉伸强度、弯曲模量、弯曲强度等力学性能满足

第 4.3 节内衬管结构设计要求,且在上海市已有采用该工艺对 $DN300$ 给水管进行结构性修复和半结构性修复的成功案例。

4.3 内衬管结构设计

4.3.2 对于叠层原位固化法形成的复合结构内衬管,由于外层玻璃纤维管的强度和刚度远大于内衬聚酯纤维管,根据变形协调原理,在内衬管结构设计中可仅考虑外层支撑管承受全部荷载。

5 材　料

5.2　原位固化法

5.2.1,5.2.2　光固化树脂一般采用不饱和聚酯树脂,不同厂家提供的与树脂匹配的固化媒介不同,目前用得比较多的是波长为 280 nm～400 nm 的紫外光,但有些还需添加含热固化性能的固化媒介,因此条文中不对光固化树脂作单独规定。

根据 ISO 11295 标准和现行国家标准《非开挖修复用塑料管道　总则》GB/T 37862,常温固化法属于粘贴软管内衬法,使用材料与其他原位固化法有些许不同,其内衬软管材料中的聚酯纤维采用十字编织法。因此,参照现行北京地方标准《城镇燃气管道翻转内衬修复工程施工及验收规程》DB11/T 1136,采用断裂强度与断裂伸长率来取代环向和纵向抗拉强度。

对内衬软管的树脂浸渍工艺进行规定,以便相关人员对内衬软管树脂浸渍过程有一个比较直观的认识,同时能够在后续的施工中对材料起到初检作用。

湿软管的碾压要求主要是为了保障其固化后的力学性能和固化效果。若碾压后软管的厚度不均,那么固化后的厚度也不均匀,导致力学性能差异过大,树脂堆积,局部出现缺陷;若有气泡产生,则固化后会有较大的力学性能损失;若存在褶皱,则会影响固化效果。

5.2.3　尽管叠层原位固化法在固化方法上仍采用了紫外光固化(外层支撑管)和蒸汽固化(内层内衬),但是其外层支撑管使用的是缠绕式玻璃纤维制成的软管,具有更高的力学性能;而单纯的蒸汽固化所使用的 PE 材料,厚度较薄,目的是使其容易翻转,能实现更长距离的施工作业,因此对于管材性能的要求并不相同。该工艺的技术关键是必须使两层材料紧密粘接。因此,本条对于内、外两层管道的力学性能要求进行了详细规定,并给出了粘结用树脂的性能要求。

外层支撑管外膜的作用除了对整个内衬管进行密封以外,还包括:防止紫外光照射使其固化,保证运输过程中的安全;拉入过程中防止划破,出现树脂溢出,影响内、外两层管道的粘接效果。内膜的作用一方面是保证紫外光充分穿透外层支撑管,确保固化效果;另一方面是防止拉入内层内衬管后填充压缩空气时树脂的溢出,起到密封的作用。

内层内衬管只有外膜没有内膜,其外膜通常是指涉水面的聚乙烯涂层。由于其在内部压缩空气的压力作用下会发生膨胀,且需承受固化过程中的高温,故需对其相关的性能指标进行规定。

本条中对于叠层原位固化法外层支撑管和内层内衬管的浸湿作业实施地点进行了规定,这主要是考虑二者的存储时间的差异。外管部分通过紫外光固化,属于半成品,直接在现场施工固化成形,可以保存 1 年左右;而内管材料为热固化型材料,不能长期存储,因此必须在现场或者施工附近厂区在施工前的几个小时内完成。

考虑老旧供水管道的结构强度有所下降,故本条中表 5.2.3-3 和表 5.2.3-4 的指标要求较行业标准有所提高,参照现行团体标准《城镇排水管道原位固化修复用内衬软管》T/CUWA 60052 的相关要求执行。

5.3 现场制管法

5.3.1 不锈钢内衬材料直接接触管内水体,出于饮用水安全的考虑必须是食品级(304/316),焊条需与内衬材料相匹配。

5.3.2 涂料应在临近施工时加热,前期的温度升降会降低其化学活性,并且涂料遇到湿度较大的水汽后会发生凝结现象,因此,涂料应存放在阴凉、通风、干燥的环境中,避免阳光直射。

涂层内外壁皆为同种材料且通过检测取得省市级以上的"国产涉及饮用水卫生安全产品卫生许可批件"或省市级疾病预防控制中心的检验报告,因此无需再额外做涉水层。

表 5.3.2-1 的技术指标为满足涂层不流挂的质量要求,表 5.3.2-2 的力学性能指标为满足内衬管结构设计计算要求,均为根据实际应用案例现场检测所得。

6 施 工

6.1 一般规定

6.1.4、6.1.5 上海市的给水管线周边环境往往比较复杂，非开挖修复前，需要进行环境调查，以采取相应的措施确保其他市政管道、建(构)筑物等的安全和正常运行。

6.3 管道预处理

6.3.1 当管道存在下列缺陷时，应提出预处理要求：①原有管道地基变形或不均匀沉降超出规范要求；②原有管道存在接口错位、脱节、接口橡胶圈脱落；③管道裂缝、断裂、塌陷、异物侵入、不均匀沉降；④管道内壁多次变径、凹坑、明显凸起等缺陷；⑤管道管件严重腐蚀、变形、破损；⑥其他需要进行预处理的情形。

6.3.2 管道非开挖修复过程中，如有水进入会影响固化后的质量，一方面可能导致固化不完全或树脂流动，另一方面可能会造成内衬管的鼓包现象，因此修复过程中需要保证管道内部是干燥的。根据调研，钢制抓耙拖拉的清理方式近年来已不再使用，因此本标准删除了该方法。

6.3.4 市政领域的高压水射流清洗喷头压力一般在 20 MPa 以内，主要用于清除管内沉积和附着物(如锈瘤、贝类、结垢等)，适用于与管壁紧贴类的工艺(包括蒸汽固化法、紫外光固化法、热塑成型法、叠层原位固化法等)，超高压水射流清洗喷头压力在 100 MPa 以上，主要目的是清除管道本体之外的涂层或者粘接类材料，仅保留管道本体。因常温固化法内衬软管需要与母管粘结,因此预处理要求较高,通常需要采用超高压射流冲洗。而蒸汽固化法虽也与母管粘接,但是由于其本身材料具有较高强度,所以并不重点强调其粘结性能。国内外已有燃气、供水管道非开挖修复预处理达到该清洗等级的案例。

6.3.6～6.3.8 清洗等级参照德国 DVGW 标准、DIN 30658-1 标准和美国 ASTM F2207 标准要求。

6.4 原位固化法

Ⅰ 常温固化法

6.4.2 常温固化法使用的环氧树脂低于 0℃易产生结晶化,高于 35℃易提前固化。

Ⅱ 蒸汽固化法

6.4.11 热固性树脂和固化剂等需要在相对低温和干燥环境中储存。翻转式(气翻)施工步骤如图 1 所示。

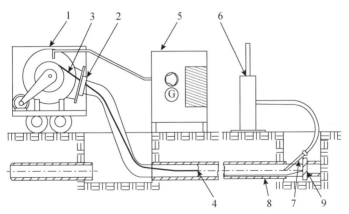

1—翻转设备;2—夹持法兰;3—可粘结的浸胶织物内衬;4—翻转面;5—加热系统;
6—排气装置;7—蒸汽输送管;8—固定带;9—支架

图 1 翻转式(气翻)施工示意图

Ⅲ 热水固化法

6.4.20 热水固化法施工步骤如下(图 2):

1 待修复管道预处理和清洗结束,内衬管的预加热完成之后,立即通过牵引设备拖入待修复管道中。

2 内衬管拖入后,采用专业封堵气囊封堵两端,保证堵塞牢固,为后续修复固化做好准备。

3 封堵后,用循环热水对衬管加热加压,热水温度控制在90℃左右;冷却过程即将冷水引至内衬管内,通过置换原用于固化的循环热水来实现,要使管内逐渐降温,以免使内衬管发生裂缝。

4 内衬固化工序完成后,切除管端多余内衬,管口端部采用专业密封胶和不锈钢压环使封口加强处理,保证端口不渗水。

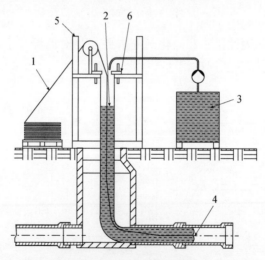

1—浸渍过树脂的内衬管;2—施加翻转水压力;3—供水设备;
4—翻转面;5—脚手架;6—夹持法兰

图 2　翻转式(水翻)施工示意图

Ⅳ 紫外光固化法

6.4.28 与排水管道相比,供水管道修复长度一般要长,且常出现高低起伏和水平转弯,因此需要控制的拉入速度也较缓,以减小施工风险。

本条中,控制拉入速度不大于 5 m/min 是因为区别于排水管道,供水管道部分管段有一定的弧度,因此在内衬材料的拉入过程中速度要慢一些。

紫外光固化法施工步骤如下(图 3):

1 拉入底膜,安装牵拉限制滑轮,将内衬管缓慢拉入待修复管道,将下料端扎头绑好,接收井处由人工下井安装接收扎头。

2 扎头安装好后,连接风机与扎头之间的气管、气压表管,充气膨胀。拉入紫外线灯,保持压力,使内衬管紧贴待修复管道。

3 打开紫外线灯及 CCTV 检测系统,控制灯组缓慢移动固化,实时观测相关技术数据,直至整段完成固化,关灯,继续充气冷却,取出灯架。

4 内衬固化工序完成后,切除管端多余内衬,管口端部采用专业密封胶和不锈钢压环使封口加强处理,保证端口不渗水。

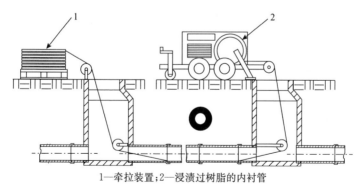

1—牵拉装置;2—浸渍过树脂的内衬管

图 3 拉入式施工示意图

6.4.30 紫外灯组放入有一定的空间需求,因此要待内衬管达到一定的压力才可安全的放入。

管道弯头处需要控制速度低于 1 m/min,一方面是为了防止紫外灯链卡住;另一方面,弯头处的内衬管有一定的弧度,内侧相较于外侧厚一些,速度慢一些可以加长光照时间,保证更好的固化效果。

本条中提出需对切割过程中产生的粉尘进行回收处理,目的是保证供水管道的清洁卫生。

V 叠层原位固化法

6.4.34 玻璃纤维软管为厂家预先浸渍后的湿软管,不需要现场重新浸渍,因此其存储应严格按照厂家的要求进行存储。其存储要求主要包括以下三个方面:

1) 应存储于通风、干燥、避光的环境中,温度宜控制在 5℃～25℃;
2) 存储期必须严格按照厂家的保质期进行,5℃～25℃存储下保质期一般为 12 个月;
3) 存储过程中不得与其他有机物进行接触。

内层的软管及与其配套使用的树脂材料的存储应满足以下三个要求:

1) 软管应存储于防潮、避光、通风的干燥环境中,并按照原厂包装进行存储;
2) 软管使用后应尽快将端口进行密封后再进行存储;
3) 树脂应按原厂包装存储于环境温度为 5℃～30℃的干燥、通风、避光环境中,不得与其他有机物接触。

VI 原位热塑成型法

6.4.44 内衬管应存放在平整的地面上,不得有大的尖锐石块、碎屑或垃圾,避免局部损害。内衬管卷盘应固定,避免滚动,避免材料受外力挤压或碰撞。内衬管在运输和储存过程中避免出现划痕、凹坑、破裂、扭结、折痕等局部损害。内衬管的装卸和吊装应遵循相关行业规定。

需根据内衬管的长度、施工现场环境、待修管段的具体情况（是否有弯角、弯角个数、弯角角度等）调整内衬管预加热时间，以保证内衬管有足够的软度顺利完成拖入操作，并避免在拖入过程中对内衬管造成损伤。

6.4.45 原位热塑成型法施工如图 4 所示。

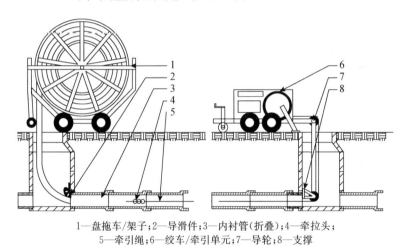

1—盘拖车/架子；2—导滑件；3—内衬管(折叠)；4—牵拉头；
5—牵引绳；6—绞车/牵引单元；7—导轮；8—支撑

图 4 原位热塑成型法施工示意图

6.4.47 为保证内衬管定型紧贴于原有管道的内壁，需保证一定的冷却温度和冷却压力使内衬管和原有管道贴合。

将内衬管端口翻边至原管道已有或新增的法兰上，可以有效地保证压力管道端口处的密封，防止有压水进入原管道和内衬管之间。内衬管翻边需紧贴于法兰表面，并保证光滑平整。

6.5 现场制管法

Ⅰ 不锈钢内衬法

6.5.3 不锈钢内衬法施工工序如下:

1 管道预处理。

2 测量定制不锈钢内衬。

3 卷制桶状管坯。

4 逐节送入待修部位。

5 撑张紧贴管壁并焊接。

6 焊缝探伤检测。

7 不锈钢内衬环加固。

8 检测、验收。

不锈钢快锁工艺加固,可补强不锈钢内衬环刚度,提高耐负压能力。

6.5.6 焊接不锈钢支撑环的作用是为了形成连续钢骨架环向支撑,增强不锈钢内衬管环刚度,提高整体抗负压能力。

Ⅱ 聚氨酯喷涂内衬法

6.5.8 聚氨酯喷涂材料通常包括:A组分,主要成分为异氰酸酯(芳香族或脂肪族);B组分,主要成分为端羟基聚醚、端羟基扩链剂、催化剂、颜料(如需)、填料等。

6.5.9 A、B料的重量比应符合涂料供应商的要求,其误差控制应在规定范围内。

6.5.12 喷涂施工步骤如下(图5):

1 将译码器右侧就位,并将脐管放在译码器上,合上转鼓的离合器。

2 进入喷涂模式后,首先旋杯会旋转 30 s,然后主泵自动启动 30 s 后涂料压力升至规定值。通过无线对讲机或手机告知发射坑内的操作员将脐管上的球阀打开,等到PLC屏幕上显示的流速达到规定值后,开启转鼓转动回收喷涂旋杯。

3 喷涂进入末端,待喷头出管端0.5 m后,设备停止拖拉,先后关闭涂料阀门,关闭阀门后立即示意设备操作人员关闭喷涂模式。

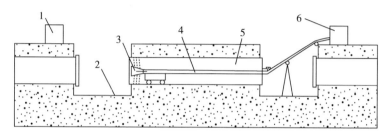

1—牵引设备;2—操作坑;3—旋转喷头;4—送料管;
5—待修复管道;6—喷涂设备

图5 聚氨酯喷涂内衬法施工示意图

6.5.13 喷涂施工时需备用洗眼器或清洁饮用水,以便工作人员眼睛被涂料溅到时可及时清洗。

上海市地下管线协会标准

城镇给水管道非开挖修复工程技术标准

T/SUPA 001—2022

自我声明承诺书

2024　上海

上海市地下管线协会团体标准
自我声明承诺书

　　由上海市地下管线协会组织编写的《城镇给水管道非开挖修复工程技术标准》已经经过专家评审并予以通过，该标准内容符合国家相应法律法规要求和相关行业政策规定，并达到国家、行业和地方等有关强制性标准要求。该标准从 2024 年 1 月 1 日起在上海市给水行业内试行。

　　本单位作为标准的参编单位之一，公开承诺：所提交的标准内容及其材料真实有效，对所提交的指标和要求所造成的后果承担相应的法律责任。严格执行标准条款的各项规定，收集使用中反映出来的需要改进的内容，为标准的进一步修订和下一步申请地方标准或行业标准进行积极准备。

承诺单位（盖章）：

日期：2023 年 12 月 31 日

上海市地下管线协会团体标准
自我声明承诺书

　　由上海市地下管线协会组织编写的《城镇给水管道非开挖修复工程技术标准》已经经过专家评审并予以通过，该标准内容符合国家相应法律法规要求和相关行业政策规定，并达到国家、行业和地方等有关强制性标准要求。该标准从 2024 年 1 月 1 日起在上海市给水行业内试行。

　　本单位作为标准的参编单位之一，公开承诺：所提交的标准内容及其材料真实有效，对所提交的指标和要求所造成的后果承担相应的法律责任。严格执行标准条款的各项规定，收集使用中反映出来的需要改进的内容，为标准的进一步修订和下一步申请地方标准或行业标准进行积极准备。

承诺单位（盖章）

日期：2023 年 12 月 31 日

上海市地下管线协会团体标准
自我声明承诺书

由上海市地下管线协会组织编写的《城镇给水管道非开挖修复工程技术标准》已经经过专家评审并予以通过,该标准内容符合国家相应法律法规要求和相关行业政策规定,并达到国家、行业和地方等有关强制性标准要求。该标准从 2024 年 1 月 1 日起在上海市给水行业内试行。

本单位作为标准的参编单位之一,公开承诺:所提交的标准内容及其材料真实有效,对所提交的指标和要求所造成的后果承担相应的法律责任。严格执行标准条款的各项规定,收集使用中反映出来的需要改进的内容,为标准的进一步修订和下一步申请地方标准或行业标准进行积极准备。

承诺单位(盖章):

日期:2023 年 12 月 31 日

上海市地下管线协会团体标准
自我声明承诺书

  由上海市地下管线协会组织编写的《城镇给水管道非开挖修复工程技术标准》已经经过专家评审并予以通过,该标准内容符合国家相应法律法规要求和相关行业政策规定,并达到国家、行业和地方等有关强制性标准要求。该标准从 2024 年 1 月 1 日起在上海市给水行业内试行。

  本单位作为标准的参编单位之一,公开承诺:所提交的标准内容及其材料真实有效,对所提交的指标和要求所造成的后果承担相应的法律责任。严格执行标准条款的各项规定,收集使用中反映出来的需要改进的内容,为标准的进一步修订和下一步申请地方标准或行业标准进行积极准备。

承诺单位(盖章)

日期:2023 年 12 月 31 日

上海市地下管线协会团体标准
自我声明承诺书

由上海市地下管线协会组织编写的《城镇给水管道非开挖修复工程技术标准》已经经过专家评审并予以通过,该标准内容符合国家相应法律法规要求和相关行业政策规定,并达到国家、行业和地方等有关强制性标准要求。该标准从 2024 年 1 月 1 日起在上海市给水行业内试行。

本单位作为标准的参编单位之一,公开承诺:所提交的标准内容及其材料真实有效,对所提交的指标和要求所造成的后果承担相应的法律责任。严格执行标准条款的各项规定,收集使用中反映出来的需要改进的内容,为标准的进一步修订和下一步申请地方标准或行业标准进行积极准备。

承诺单位(盖章):

日期:2023 年 12 月 31 日

上海市地下管线协会团体标准
自我声明承诺书

　　由上海市地下管线协会组织编写的《城镇给水管道非开挖修复工程技术标准》已经经过专家评审并予以通过，该标准内容符合国家相应法律法规要求和相关行业政策规定，并达到国家、行业和地方等有关强制性标准要求。该标准从 2024 年 1 月 1 日起在上海市给水行业内试行。

　　本单位作为标准的参编单位之一，公开承诺：所提交的标准内容及其材料真实有效，对所提交的指标和要求所造成的后果承担相应的法律责任。严格执行标准条款的各项规定，收集使用中反映出来的需要改进的内容，为标准的进一步修订和下一步申请地方标准或行业标准进行积极准备。

承诺单位(盖章)：

日期：2023 年 12 月 31 日

上海市地下管线协会团体标准
自我声明承诺书

  由上海市地下管线协会组织编写的《城镇给水管道非开挖修复工程技术标准》已经经过专家评审并予以通过,该标准内容符合国家相应法律法规要求和相关行业政策规定,并达到国家、行业和地方等有关强制性标准要求。该标准从 2024 年 1 月 1 日起在上海市给水行业内试行。

  本单位作为标准的参编单位之一,公开承诺:所提交的标准内容及其材料真实有效,对所提交的指标和要求所造成的后果承担相应的法律责任。严格执行标准条款的各项规定,收集使用中反映出来的需要改进的内容,为标准的进一步修订和下一步申请地方标准或行业标准进行积极准备。

承诺单位(盖章):

日期:2023 年 12 月 31 日

上海市地下管线协会团体标准
自我声明承诺书

由上海市地下管线协会组织编写的《城镇给水管道非开挖修复工程技术标准》已经经过专家评审并予以通过，该标准内容符合国家相应法律法规要求和相关行业政策规定，并达到国家、行业和地方等有关强制性标准要求。该标准从 2024 年 1 月 1 日起在上海市给水行业内试行。

本单位作为标准的参编单位之一，公开承诺：所提交的标准内容及其材料真实有效，对所提交的指标和要求所造成的后果承担相应的法律责任。严格执行标准条款的各项规定，收集使用中反映出来的需要改进的内容，为标准的进一步修订和下一步申请地方标准或行业标准进行积极准备。

承诺单位(盖章)：

日期：2023 年 12 月 31 日

上海市地下管线协会团体标准
自我声明承诺书

由上海市地下管线协会组织编写的《城镇给水管道非开挖修复工程技术标准》已经经过专家评审并予以通过，该标准内容符合国家相应法律法规要求和相关行业政策规定，并达到国家、行业和地方等有关强制性标准要求。该标准从 2024 年 1 月 1 日起在上海市给水行业内试行。

本单位作为标准的参编单位之一，公开承诺：所提交的标准内容及其材料真实有效，对所提交的指标和要求所造成的后果承担相应的法律责任。严格执行标准条款的各项规定，收集使用中反映出来的需要改进的内容，为标准的进一步修订和下一步申请地方标准或行业标准进行积极准备。

承诺单位（盖章）：

日期：2023 年 12 月 31 日

上海市地下管线协会团体标准
自我声明承诺书

由上海市地下管线协会组织编写的《城镇给水管道非开挖修复工程技术标准》已经经过专家评审并予以通过,该标准内容符合国家相应法律法规要求和相关行业政策规定,并达到国家、行业和地方等有关强制性标准要求。该标准从 2024 年 1 月 1 日起在上海市给水行业内试行。

本单位作为标准的参编单位之一,公开承诺:所提交的标准内容及其材料真实有效,对所提交的指标和要求所造成的后果承担相应的法律责任。严格执行标准条款的各项规定,收集使用中反映出来的需要改进的内容,为标准的进一步修订和下一步申请地方标准或行业标准进行积极准备。

承诺单位(盖章)

日期:2023 年 12 月 31 日

上海市地下管线协会团体标准
自我声明承诺书

　　由上海市地下管线协会组织编写的《城镇给水管道非开挖修复工程技术标准》已经经过专家评审并予以通过，该标准内容符合国家相应法律法规要求和相关行业政策规定，并达到国家、行业和地方等有关强制性标准要求。该标准从 2024 年 1 月 1 日起在上海市给水行业内试行。

　　本单位作为标准的参编单位之一，公开承诺：所提交的标准内容及其材料真实有效，对所提交的指标和要求所造成的后果承担相应的法律责任。严格执行标准条款的各项规定，收集使用中反映出来的需要改进的内容，为标准的进一步修订和下一步申请地方标准或行业标准进行积极准备。

承诺单位(盖章)

日期:2023 年 12 月 31 日

上海市地下管线协会团体标准
自我声明承诺书

　　由上海市地下管线协会组织编写的《城镇给水管道非开挖修复工程技术标准》已经经过专家评审并予以通过,该标准内容符合国家相应法律法规要求和相关行业政策规定,并达到国家、行业和地方等有关强制性标准要求。该标准从 2024 年 1 月 1 日起在上海市给水行业内试行。

　　本单位作为标准的参编单位之一,公开承诺:所提交的标准内容及其材料真实有效,对所提交的指标和要求所造成的后果承担相应的法律责任。严格执行标准条款的各项规定,收集使用中反映出来的需要改进的内容,为标准的进一步修订和下一步申请地方标准或行业标准进行积极准备。

承诺单位(盖章):

日期:2023 年 12 月 31 日

上海市地下管线协会团体标准
自我声明承诺书

  由上海市地下管线协会组织编写的《城镇给水管道非开挖修复工程技术标准》已经经过专家评审并予以通过，该标准内容符合国家相应法律法规要求和相关行业政策规定，并达到国家、行业和地方等有关强制性标准要求。该标准从 2024 年 1 月 1 日起在上海市给水行业内试行。

  本单位作为标准的参编单位之一，公开承诺：所提交的标准内容及其材料真实有效，对所提交的指标和要求所造成的后果承担相应的法律责任。严格执行标准条款的各项规定，收集使用中反映出来的需要改进的内容，为标准的进一步修订和下一步申请地方标准或行业标准进行积极准备。

承诺单位(盖章)：

日期：2023 年 12 月 31 日